盛德诚信企业知识系列丛书

屋面虹吸雨水系统
设计手册

杨一林　宋越男　主编

西南交大出版社
·成　都·

图书在版编目（CIP）数据

屋面虹吸雨水系统设计手册 / 杨一林，宋越男主编
. —成都：西南交通大学出版社，2022.3
ISBN 978-7-5643-8637-5

Ⅰ. ①屋… Ⅱ. ①杨… ②宋… Ⅲ. ①雨水资源－收集－装置－系统设计－手册 Ⅳ. ①TU823.6-62

中国版本图书馆 CIP 数据核字（2022）第 049738 号

Wumian Hongxi Yushui Xitong Sheji Shouce

屋面虹吸雨水系统设计手册

杨一林　宋越男　主编

责任编辑	赵永铭
封面设计	吴　兵
出版发行	西南交通大学出版社 （四川省成都市金牛区二环路北一段 111 号 西南交通大学创新大厦 21 楼）
发行部电话	028-87600564　028-87600533
邮政编码	610031
网　　址	http://www.xnjdcbs.com
印　　刷	成都蜀通印务有限责任公司
成品尺寸	148 mm × 210 mm
印　　张	4.75
字　　数	110 千
版　　次	2022 年 3 月第 1 版
印　　次	2022 年 3 月第 1 次
书　　号	ISBN 978-7-5643-8637-5
定　　价	39.00 元

编委会成员

主　编：杨一林　宋越男

编　委：沙忠金　马瑞瑞　黄宏伟

崔艳丽　谢璐斯　汤军伟

李书音　邹建梁　于宝喜

前　言

《屋面虹吸雨水系统设计手册》介绍了屋面虹吸雨水系统的全流程设计知识。主要内容包括技术原理、常用知识、设计步骤、各个品牌特性等。

本书为国内首次对屋面虹吸雨水系统设计全流程知识整理，对于更好的普及虹吸雨水系统将起到积极作用。

本书以北京盛德诚信机电安装有限公司技术部10多年的设计经验为基础编写而成，感谢各位员工为本书提供的素材以及积极地参与编写工作！

希望广大读者对本书的内容提出宝贵的修改意见！

杨一林

2022年2月

目　录

技术原理及常用知识

1.1 雨水系统分类及选用

1.1.1 屋面雨水排放系统的功能

降落在屋面上的雨水和融化的雪水，在短时间内会形成积水，如果不能及时排除，则会造成屋面积水四处溢流，甚至造成屋面漏水，形成水患，影响人们的生产和生活。为了有组织地排除屋面雨水，必须设置完整的屋面雨水排水系统。

1.1.2 屋面排水形式分类

1. 屋面重力雨水系统

重力流排水系统是雨水由天面天沟汇集后经过雨水斗下接的立管靠重力自流排出。这种系统管线并不能被水完全充满。水沿立管管壁流下时，一般情况下只占立管断面的一部分，甚至小部分为水，大部分为空气。重力流排水系统是传统的屋面排水方式，具有设计施工简易、运行安全可靠的特点，其缺点是管道设置相对较多，占据空间位置较多。

2. 屋面虹吸雨水系统

虹吸现象是液态分子间引力与位差能造成的，即利用水柱压力差，使水上升再流到低处。

虹吸式屋面雨水排放系统是利用虹吸满管压力流原理，通过有效控制和平衡管道内雨水的流速和压力等，来实现对屋面雨水快速抽吸和排放的整体化管道系统。虹吸雨水排水系统的技术原理是利用建筑物的高度所形成的水头，依靠特殊的雨水斗设计，实现气水分离，从而使雨水管最终达到满流状态，当管中的水量是压力流状态时，虹吸作用就产生了。在整个降水过程中，由于连续不断的虹吸作用，整个系统得以令人惊奇的速度排除雨水，快速使屋面的雨水排到地面。

伯努利能量守恒定律是虹吸水力原理的基础，如图 1-1 所示。

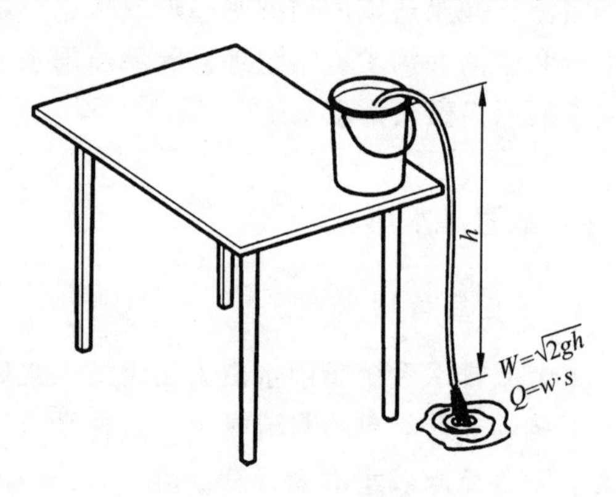

图 1-1　虹吸原理图

建筑物的总高度是产生虹吸的原动力，根据不同管径计算，建筑的最小高度不能低于 3 ~ 5 米，如图 1-2 所示。

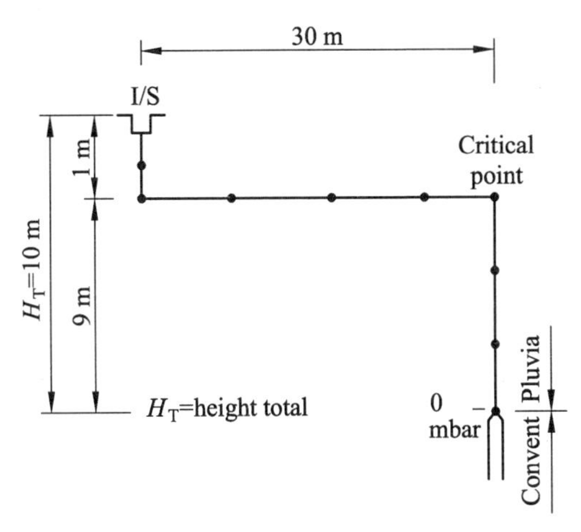

图 1-2　虹吸系统原动力

3. 虹吸雨水系统和重力雨水系统区别

虹吸雨水系统和重力雨水系统的区别如表 1-1 所示。

表 1-1　虹吸雨水系统和重力雨水系统的区别

项目	虹吸雨水	重力雨水
雨水斗数量	虹吸雨水单斗流量大 同面积屋面雨水斗少	重力雨水单斗流量小 同面积屋面雨水斗多
立管数量	同样管径的立管流速、流量、充满度均远远大于重力雨水，同屋面立管数量少	同样管径的立管流速、流量、充满度均小于虹吸雨水，同屋面立管数量多
单系统所带雨水斗	单系统可以接多个雨水斗	单系统所带雨水斗个数受限
管道坡度	悬吊管呈水平状态，无须做任何坡度 施工方便	由于采用重力流，需要有坡度 施工不方便

续表

项目	虹吸雨水	重力雨水
埋地开挖量	埋地管少，地面开挖工作量小，可有效缩短工期	埋地管多，土建工作量大，地沟易返水
屋面负荷	排水效率高，屋面水深浅	排水效率低，屋面水深高

1.1.3 屋面虹吸雨水系统发展阶段

新中国成立后，随着我国国民经济和建筑技术的不断发展，对建筑屋面雨水排水系统的流态认知/工程实践和产品研发也不断深入，大致先后经历了四个阶段。

第一阶段：20 世纪 50 年代。

新中国成立初期，我国在工业厂房屋面雨水排水系统的设计中，全面依照苏联的规范和方法进行设计，排水管道采用水一相重力流原理的计算表进行设计。

到 20 世纪 50 年代后期，国内设计的工业厂房大量投入使用。由于设计原理、理论及方法全部照搬苏联，与国情不符，暴雨时，厂房内部分雨水排水检查井出现冒水现象，冒水的检查井都是埋地排水管起点的几口井，且同一埋地排水管后面的检查井则不冒水。雨水检查井冒水事件相继发生，仅北京一地就有数十案例。全国各地检查井冒水顶开检查井盖的事故也时有发生，造成各种生产事故与经济损失。

第二阶段：20 世纪 60 年代。

自 20 世纪 60 年代初期起，国内开始了关于屋面雨水课题的研究工作，关注点主要是 20 世纪 50 年代屋面雨水排水系统出现的问题及解决措施等。

1962年清华大学、第一机械工业部第一设计院、建筑工程部北京工业设计单位三家设计院联合派出人员组成屋面雨水排水系统科研组，在清华大学给水排水实验室进行试验。经过4年的试验研究，取得了如下研究成果：

a. 研制出65型雨水斗,其重要构造特征为加设防空气顶板及防涡旋整流板，改善了水力条件。

b. 试验研究表明，雨水埋地管由于气水分离，影响其排水能力，并提出雨水检查井的改进形式和气水分离等技术措施。

c. 天沟雨水斗（DN100斗）的排水规律为：试验流量从0开始逐步增加，斗前水深流量2.5 L/s以前快速增加，其后缓慢增长，当流量达到35 L/s时斗前水深急剧增长。

d. 试验中发现雨水斗斗前水位较低时雨水斗压力内为大气压。随着流量增加，斗前水位不断抬高，相继出现气水两相流至水一相流，斗前水位升高的同时斗内出现负压，当雨水斗斗前水深达到一定高度，雨水斗全部被淹没，水面平稳没有漩涡，此时的流量为天沟和雨水排水管系统的临界流量。

e. 整个系统的流动状态很复杂，掺气的结果使屋面雨水排水系统由一相流变为两相流，水流呈脉动紊流，流速较大。随着流量继续加大，掺气减少，并逐渐出现白色乳状混合流态；水流量进一步增加，掺气量逐渐减少并达到满流状态。

随着工程实践的经验积累，发现采用水一相压力流理论设计的屋面雨水排水系统，在多斗系统中出现屋面雨水泄流不畅，屋面积水，个别工程雨水甚至从天窗溢流进入厂房。这说明多斗系统与单斗系统采用相同的理论与实践相比有一定的差距，距离屋面雨水排水系统立管远的雨水斗，排水能力小，而距离立管近的雨水斗排水能力大。当远斗达到临界流量时，近斗尚未达到而掺入气体，在两相流流态时气团阻碍水流动，出现系统远端斗排水量不堪重负，导致屋面积水。

第三阶段：20 世纪 70—80 年代。

20 世纪 70 年代，由《室内给水排水和热水供应设计规范》国家标准管理组申报立项，由建设部全额拨款的新一轮的雨水试验项目正式启动。试验由清华大学、机械工业部的第一设计院和第八设计院等单位参加。试验历时 8 年，取得大量数据，得出如下结论：雨水流态为重力-压力流的结论，即小流量时为重力流，大流量时为压力流；雨水立管的下部为正压区，上部为负压区，压力零点随流量的变化而变动，流量增大时压力零点向上移动；悬吊管的末端近立管处为负压，始端为正压；负压造成抽吸和进气，因此立管顶端不设置雨水斗，但其他部位采用不同形式的雨水斗时，掺气现象仍难以避免；管系内水流为气水两相流，而其中的气相处于压缩状态；由于雨水斗在悬吊管位置的不同，近立管端的雨水泄流量大，远立管端的雨水斗泄流量小，因此提倡多斗系统采用对称布置。

在该试验基础上研制出了构造和性能更好的 87 型雨水斗，并一直广泛应用于我国的民用与工业建筑中，同时在制订的规范条文中采用以下技术措施：（1）对管系留有足够余量，以防检查井冒水和天窗溢水事故重现；（2）对于超重现期的雨量采用事故溢流口解决；（3）强调外排水系统和密闭系统，强调单斗系统或对称布置的双斗系统，以尽可能地发挥系统的优势；（4）禁止立管顶端设置雨水斗，限制多斗系统，工业产房限用高、低跨合用雨水系统等，以尽可能消除安全隐患。

第四阶段：20 世纪 90 年代至今。

20 世纪 90 年代初，首都机场建设四机位飞机库，因屋面面积大而从国外引进压力流雨水排水系统，开始了我国压力流雨水排水系统研究和应用的序幕。中国航空工业规划设计研究院从 1995 年开始进行压力流雨水斗试验，至 2000 年 6 月研制成功压力流屋面雨水排系统。因近些年我国大规模地进行城市建设，如城市综合体、展览馆、会展中心、大剧院、高铁枢纽、机场候机楼等大屋面建筑的大规模建设，压力流雨水系统应用较广。到目前为止，这一技术越来越多地进入到普通的建筑中。

1.1.4　不同雨里下管内水流状态

（1）小雨状态，降雨强度小于设计的 50%，管道内的水流状态为重力流，如图 1-3、1-4 所示。

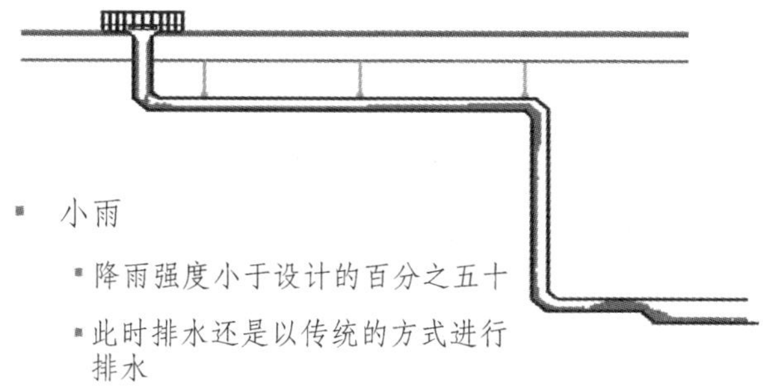

图 1-3　传统排水

图 1-4　传统排水

（2）中雨状态，降雨强度为设计的 50%～75%，管道内的水流状态为虹吸重力交替流，如图 1-5、1-6 所示。

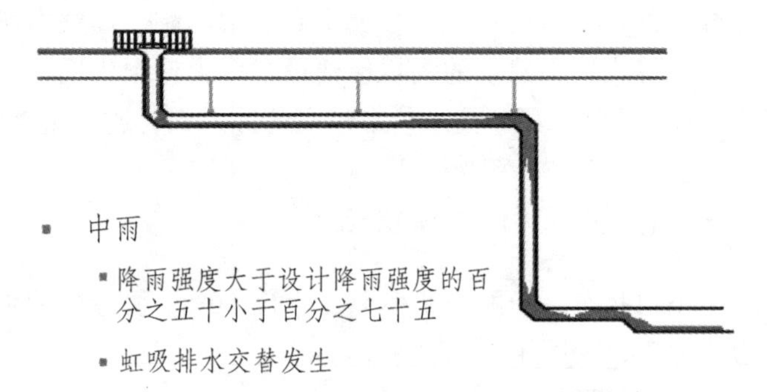

中雨
降雨强度大于设计降雨强度的百分之五十小于百分之七十五
虹吸排水交替发生

图 1-5 虹吸重力交替

图 1-6 虹吸重力转换

（3）大雨状态，降雨强度为设计的 75%～85%，管道内的水流状态为几乎稳定的虹吸流，如图 1-7、1-8 所示。

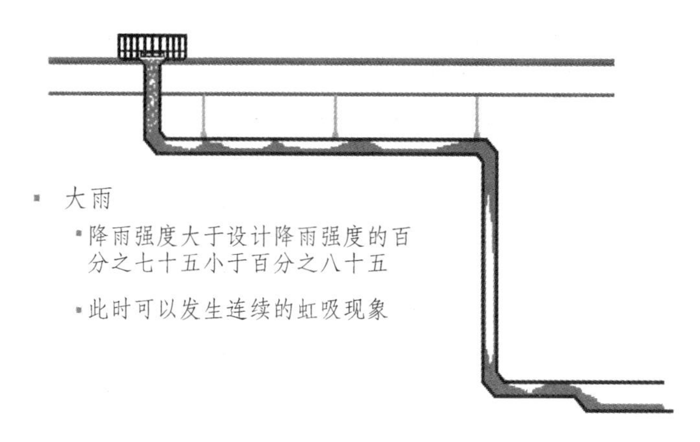

大雨
降雨强度大于设计降雨强度的百分之七十五小于百分之八十五
此时可以发生连续的虹吸现象

图 1-7　几乎稳定的虹吸流

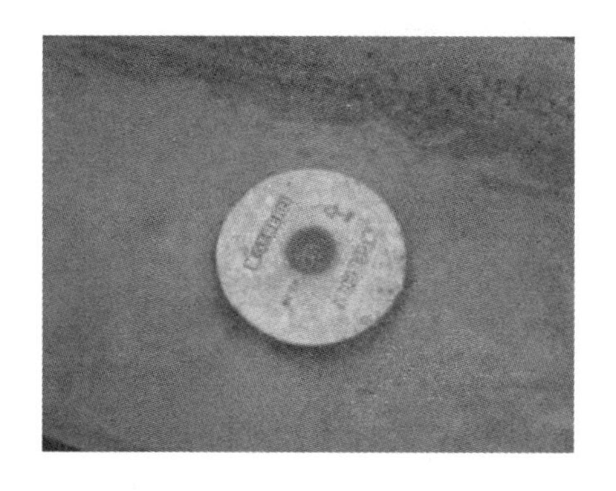

图 1-8　几乎稳定的虹吸流

（4）暴雨状态，降雨强度为设计的 85%～100%，管道内的水流状态为连续虹吸流，如图 1-9、1-10 所示。

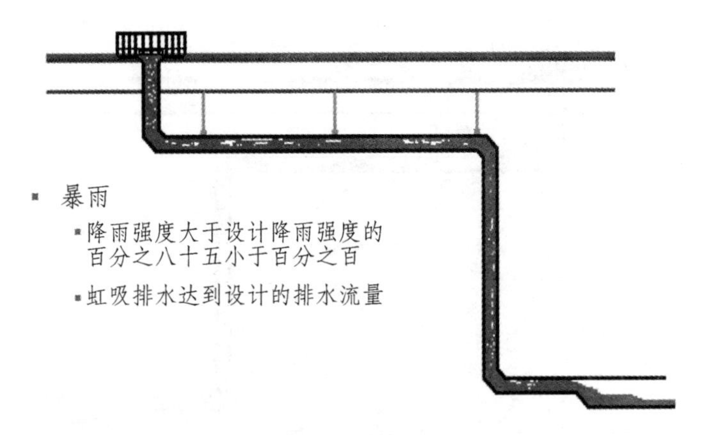

暴雨
降雨强度大于设计降雨强度的百分之八十五小于百分之百
虹吸排水达到设计的排水流量

图 1-9　连续虹吸流

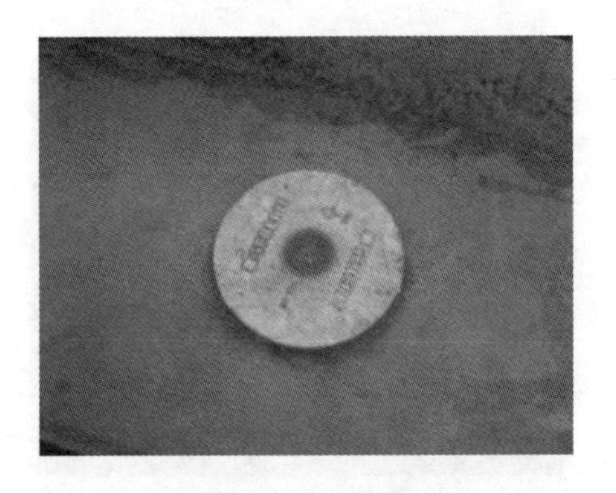

图 1-10　连续虹吸流

（5）强暴雨状态，降雨强度超出正常虹吸设计年限，管道内的水流状态为稳定虹吸流，但需要用溢流系统来排出超出雨水流量部分，如图 1-11、1-12 所示。

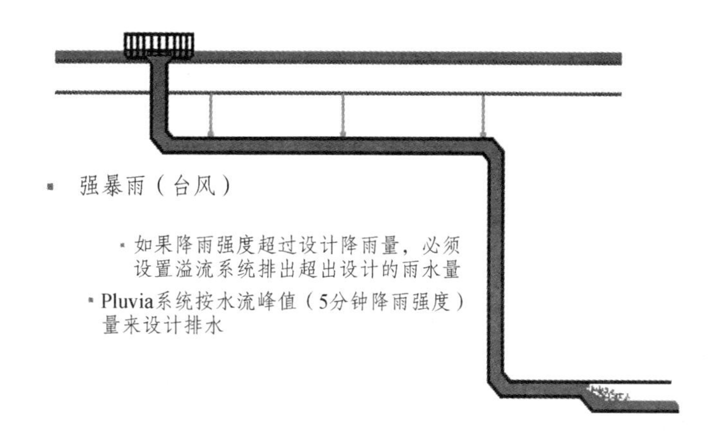

强暴雨（台风）
如果降雨强度超过设计降雨量，必须设置溢流系统排出超出设计的雨水量
Pluvia系统按水流峰值（5分钟降雨强度）量来设计排水

图 1-11　稳定虹吸流

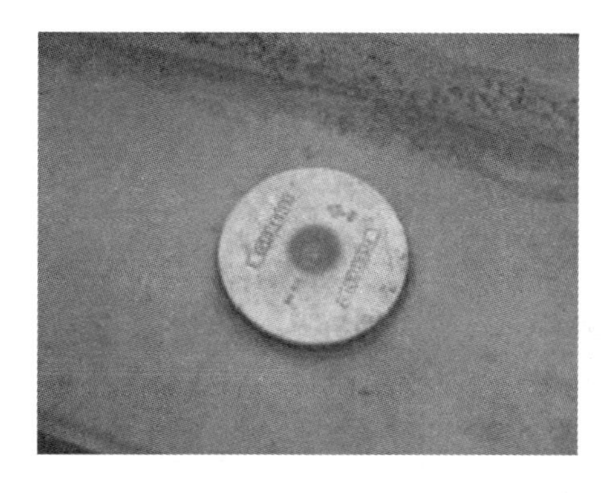

图 1-12　稳定虹吸流

1.1.5　形成虹吸的原因

形成虹吸的原因在于管道内的雨水充满度,如图 1-13 所示。

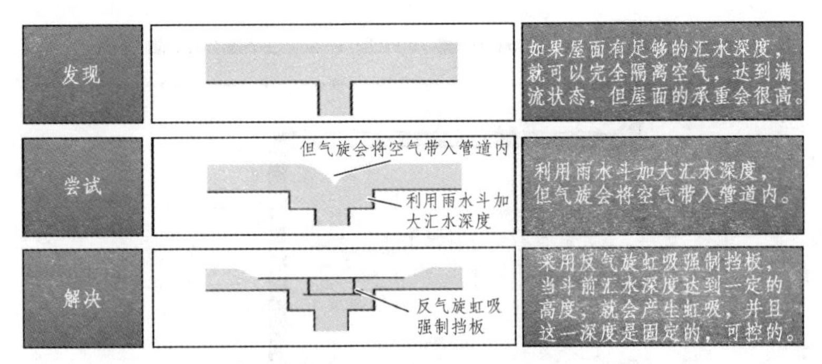

发现
如果屋面有足够的汇水深度，就可以完全隔离空气，达到满流状态，但屋面的承重会很高。
尝试
但气旋会将空气带入管道内
利用雨水斗加大汇水深度
利用雨水斗加大汇水深度，但气旋会将空气带入管道内。
解决
反气旋虹吸强制挡板
采用反气旋虹吸强制挡板，当斗前汇水深度达到一定的高度，就会产生虹吸，并且这一深度是固定的，可控的。

图 1-13　形成虹吸的原因

反气旋装置是专利，任何厂家不可以模仿，可以最大限度地阻隔空气，使尽快达到虹吸条件。每一款雨水斗都属于特别处理的整流格栅。

1.2　虹吸雨水系统组成

1.2.1　雨水斗

虹吸式雨水斗是屋面雨水排放系统的始端，也是整个系统的核心之一，主要功能是将雨水整流导入排水系统。

1. 雨水斗历史概况

雨水斗始于 20 世纪 70 年代，有超过 45 年的应用历史，如图 1-14 所示。

2. 雨水斗组成

塑料雨水斗组成如图 1-15 所示。

塑料虹吸雨水斗由斗体、格栅罩、出水尾管、防水安装片和反涡流装置等组成。斗体材质采用不锈钢。

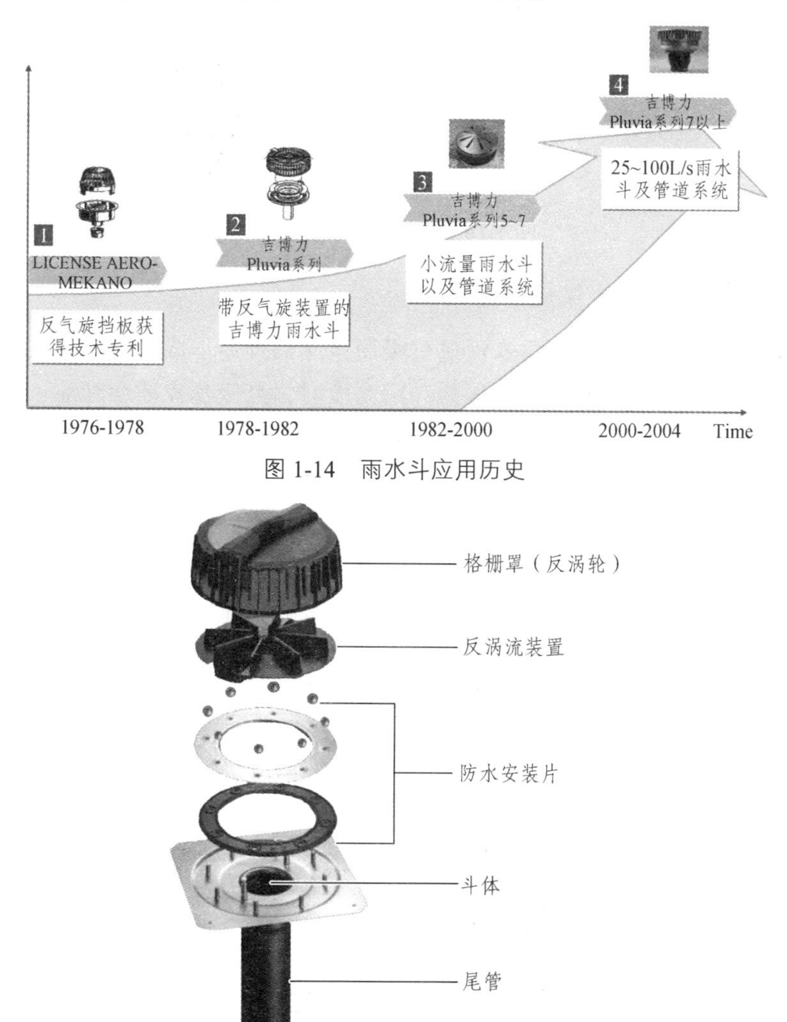

图 1-14　雨水斗应用历史

图 1-15　塑料雨水斗组成

不锈钢雨水斗组成如图 1-16 所示。

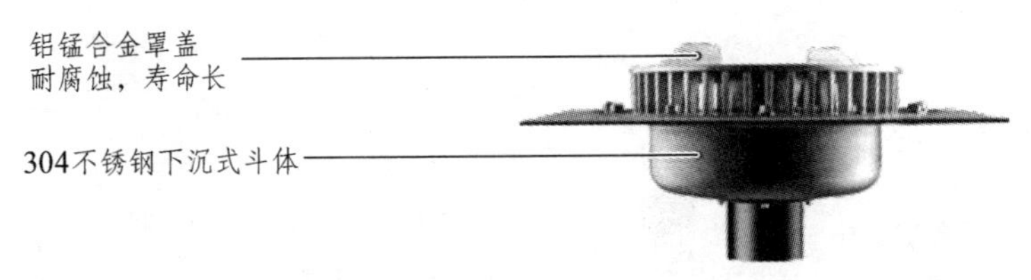

图 1-16　不锈钢雨水斗组成

3. 斗前水深的概念

斗前水深是指雨水没过虹吸雨水斗而开始形成虹吸雨水的高度。只有当斗前水深达到一定高度时，虹吸现象才会产生。所以小而稳定的斗前水深可以有效减少屋面的雨水积水量，减少负荷，确保屋面安全。如图 1-17 所示。

雨水斗斗前水深小而稳定的原因：

① 雨水斗斗罩和格栅具有反气旋整流的作用，可以防止雨水系统入口的水流形成漩涡带入空气，影响虹吸的形成。

② 反气旋挡板设置可以让虹吸迅速形成；斗罩反气旋挡板，是虹吸形成非常关键的部件。能减少屋面负荷、保证虹吸效果。

③ 下沉式斗体设计，即使在降雨初期，虹吸流也能很快形成，避免天沟积水。

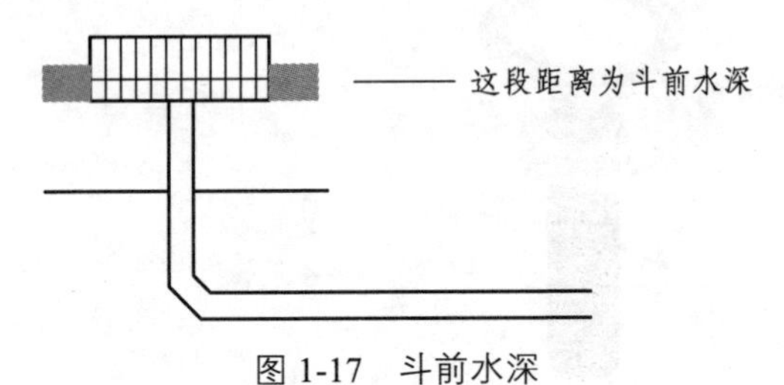

图 1-17　斗前水深

我公司雨水斗斗前水深，如表 1-2 所示。CECS 183：2015

技术规程对斗前水深的规定，如表 1-3 所示。

表 1-2　我公司雨水斗斗前水深

雨水斗尾管管径/mm	最大斗前水深/mm	设计排水量/（L/s）
56	35	12
90	55	25
110	80	45
125	85	60
160	105	100

表 1-3　技术规程雨水斗斗前水深

雨水斗尾管管径/mm	最大斗前水深/mm	设计排水量/（L/s）
56 ~ 63	45	12
75 ~ 90	55	25
110 ~ 125	85	45
110 ~ 125	90	60
110 ~ 125	100	80
125 ~ 160	108	90
160 ~ 125	110	100

4. 雨水斗斗罩及格栅设计

雨水斗的格栅具有整流、过滤垃圾，加强虹吸效果，并能同时拦阻污物保护管路。所以雨水斗的格栅间隙大小设置是否合理就非常关键。间隙太小，管路系统不被堵塞，但格栅周围堆积小垃圾，容易被堵；间隙太大，容易导致大的垃圾进入系统造成管道系统堵塞。格栅间隙、设置方式等均经过多年的水力研究、优化，使之达到最好的排水效果，能做到减少天沟垃圾堆积的同时保证进入系统的垃圾都能被系统的水流带走，避免堵塞管道。如图 1-18 所示。

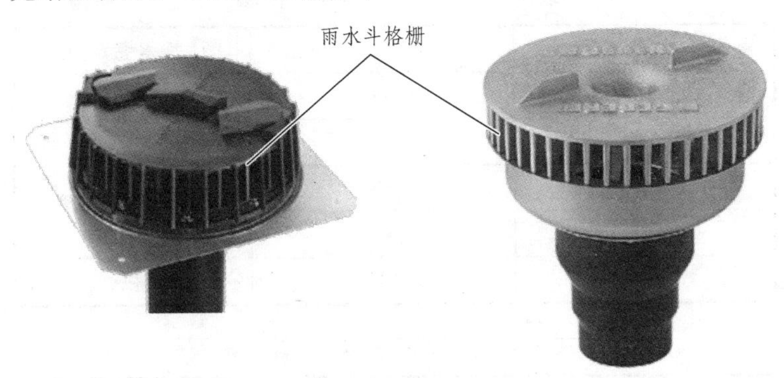

图 1-18　雨水斗格栅图

5. 雨水斗型号分类

（1）雨水斗型号根据流量大小分类，如图 1-19 所示。

表 1-4 提供从 9 L 到 100 L 各种流量的雨水斗，可适用于不同面积的建筑。其中 9 L/s 的同层排水雨水斗，更适用于无法穿越楼板的特殊工况。

图 1-19　各流量雨水斗

（2）雨水斗型号根据屋面防水形式大小分类

主要产品应用见表 1-5。（*为进口，其余为国产）

表 1-4　9～100 L/s 流量的雨水斗

最大排水量/（L/s）	最小排水量/（L/s）	雨水斗尾管管径/mm	斗前水深/mm	产品编号	罩盖材质	适用屋面及防水类型	适用范围
9	1	56	40	359.118.00.1	PP	钢天沟，无防水	横排雨水斗，适用于同排，无法穿越楼板安装
	1	56	40	359.117.00.1，带法兰，	PP	PVC/TPO 防水	横排雨水斗，适用于同排，无法穿越楼板安装做法
12	1	56	40	359.108.00.1，带接触片	PP	混凝土屋面，SBS 防水	适用于与沥青防水屋面材料连接
	1	56	40	359.108.00.1，带接触片	铝锰合金	混凝土屋面，SBS 防水	适用于与沥青防水屋面材料连接
	1	56	40	359.111.00.1	PP	钢天沟，无防水	适用于安装在宽度最小为 30 cm 的天沟上

续表

最大排水量/（L/s）	最小排水量/（L/s）	雨水斗尾管管径/mm	斗前水深/mm	产品编号	罩盖材质	适用屋面及防水类型	适用范围
	1	56	40	359.128.00.1	铝锰合金	钢天沟，无防水	适用于安装在宽度最小为 35 cm 的天沟
	1	56	40	359.105.00.1，带法兰	PP	PVC/TPO 防水	适用于与塑料防水屋面材料连接
	1	56	40	359.106.00.1，带法兰	铝锰合金	PVC/TPO 防水	适用于与塑料防水屋面材料连接
	1	56	40	359.112.00.1，带法兰	PP	金属天沟	适用于安装在宽度最小为 30 cm 的天沟
19	1	75	55	359.034.00.1	PP	钢天沟，无防水	适用于安装在宽度最小为 21 cm 的不锈钢天沟或屋面

续表

最大排水量/（L/s）	最小排水量/（L/s）	雨水斗尾管管径/mm	斗前水深/mm	产品编号	罩盖材质	适用屋面及防水类型	适用范围
25	1	90	50	359.099.00.1，带接触片	PP	混凝土屋面，SBS 防水	适用于与塑料防水屋面材料连接
	1	90	50	359.129.00.1，带接触片	铝锰合金	混凝土屋面，SBS 防水	适用于与塑料防水屋面材料连接
	1	90	50	359.100.00.1	PP	钢天沟，无防水	适用于安装在宽度最小为 30 cm 的天沟
	1	90	50	359.131.00.1	铝锰合金	钢天沟，无防水	适用于安装在宽度最小为 35 cm 的天沟
	1	90	50	359.098.00.1，带法兰	PP	PVC/TPO 防水	适用于与塑料防水屋面材料连接
	1	90	50	359.130.00.1，带法兰	铝锰合金	PVC/TPO 防水	适用于与塑料防水屋面材料连接

续表

最大排水量/（L/s）	最小排水量/（L/s）	雨水斗尾管管径/mm	斗前水深/mm	产品编号	罩盖材质	适用屋面及防水类型	适用范围
45	7	110	80	359.528.00.1	铝锰合金	钢天沟，无防水	适用于安装在宽度最小为 35 cm 的天沟
	7	110	80	359.342.00.1	铝锰合金	钢天沟，无防水	适用于安装在宽度最小为 35 cm 的天沟
	7	110	80	359.538.00.1，带接触片	铝锰合金	混凝土屋面，SBS 防水	适用于与沥青防水屋面材料连接
	7	110	80	359.345.00.1，带接触片	铝锰合金	混凝土屋面，SBS 防水	适用于与沥青防水屋面材料连接
	7	110	80	359.024.00.1，带法兰	铝锰合金	PVC/TPO 防水	适用于与塑料防水屋面材料连接

续表

最大排水量/（L/s）	最小排水量/（L/s）	雨水斗尾管管径/mm	斗前水深/mm	产品编号	罩盖材质	适用屋面及防水类型	适用范围
60	8	125	85	359.536.00.1，	铝锰合金	钢天沟，无防水	适用于安装在宽度最小为 35 cm 的天沟
	8	125	85	359.343.00.1	铝锰合金	钢天沟，无防水	适用于安装在宽度最小为 35 cm 的天沟
	8	125	85	359.539.00.1，带接触片	铝锰合金	混凝土屋面，SBS 防水	适用于与沥青防水屋面材料连接
	8	125	85	359.346.00.1 带接触片	铝锰合金	混凝土屋面，SBS 防水	适用于与沥青防水屋面材料连接
	8	125	85	359.025.00.1，带法兰	铝锰合金	PVC/TPO 防水	适用于与塑料防水屋面材料连接

续表

最大排水量/（L/s）	最小排水量/（L/s）	雨水斗尾管管径/mm	斗前水深/mm	产品编号	罩盖材质	适用屋面及防水类型	适用范围
100	14	160	105	359.537.00.1	铝锰合金	钢天沟，无防水	适用于安装在宽度最小为 35 cm 的天沟
	14	160	105	359.344.00.1	铝锰合金	钢天沟，无防水	适用于安装在宽度最小为 35 cm 的天沟
	14	160	105	359.540.00.1 带接触片	铝锰合金	混凝土屋面，SBS 防水	适用于与沥青防水屋面材料连接
	14	160	105	359.347.00.1 带接触片	铝锰合金	混凝土屋面，SBS 防水	适用于与沥青防水屋面材料连接
	14	160	105	359.026.00.1，带法兰	铝锰合金	PVC/TPO 防水	适用于与塑料防水屋面材料连接

表 1-5 主要产品应用

尾管管径	应用屋面					
	混凝土屋面		钢天沟屋面		PVC 防水卷材	
d56（12l/s）	359.108.00.1*	359.127.00.1*	359.111.00.1*	359.128.00.1*	359.105.00.1*	359.106.00.1*
d75（19l/s）	×		359.034.00.1*	×	×	

续表

尾管管径	应用屋面					
	混凝土屋面		钢天沟屋面		PVC 防水卷材	
d90 （25l/s）	 359.099.00.1*	 359.129.00.1*	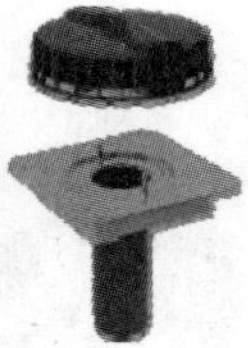 359.100.00.1*	 359.131.00.1*	 359.098.00.1*	 359.130.00.1 *
d110 （45l/s）		 359.345.00.1*		 359.342.00.1*		

续表

尾管管径	应用屋面					
	混凝土屋面		钢天沟屋面		PVC 防水卷材	
d125（60l/s）	×	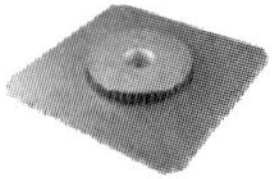 359.538.00.1	×	 359.528.00.1	×	 359.024.00.1
		 359.346.00.1*		 359.343.00.1*		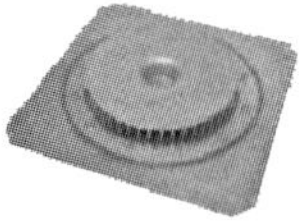
	×	 359.539.00.1	×	 359.536.00.1	×	359.025.00.1

续表

尾管管径	应用屋面					
	混凝土屋面		钢天沟屋面		PVC 防水卷材	
d160 （100l/s）		 359.347.00.1 *		 359.344.00.1 *		
	×		×		×	
		 359.540.00.1		 359.537.00.1		359.026.00.1

① 不锈钢天沟雨水斗安装大样。

屋面天沟为不锈钢材质，采用不锈钢虹吸雨水斗（见图1-20），斗体直接与钢天沟进行焊接（见图1-21）。

图 1-20 不锈钢虹吸雨水斗

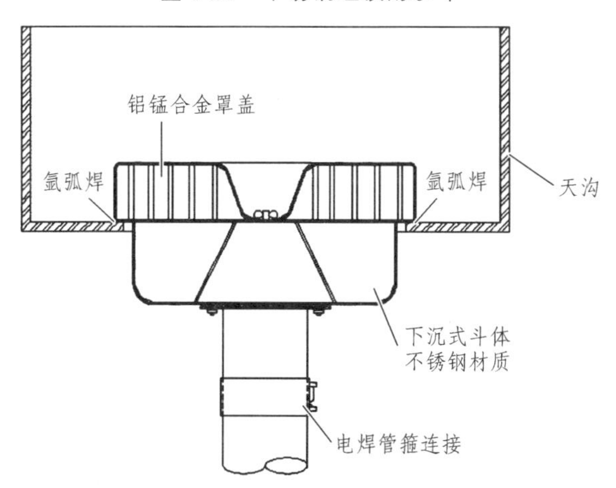

图 1-21 不锈钢雨水斗与钢天沟焊接安装

② 混凝土屋面的 SBS 防水。

屋顶为混凝土结构。

屋面采用沥青防水：采用不锈钢接触片虹吸雨水斗（见图1-22），安装片进行打毛，与屋面沥青进行搭接（见1-23）。

图1-22　不锈钢接触片虹吸雨水斗

C20细石砼掺防水剂，配φ60钢筋网
702防水卷材15 mm厚
水泥砂浆找平层20 mm
珍珠岩找坡层，最薄处30 mm厚
挤塑苯板保温层100 mm厚
水泥砂浆找平层+防水涂料
混凝土楼板
钉子
混凝土楼板

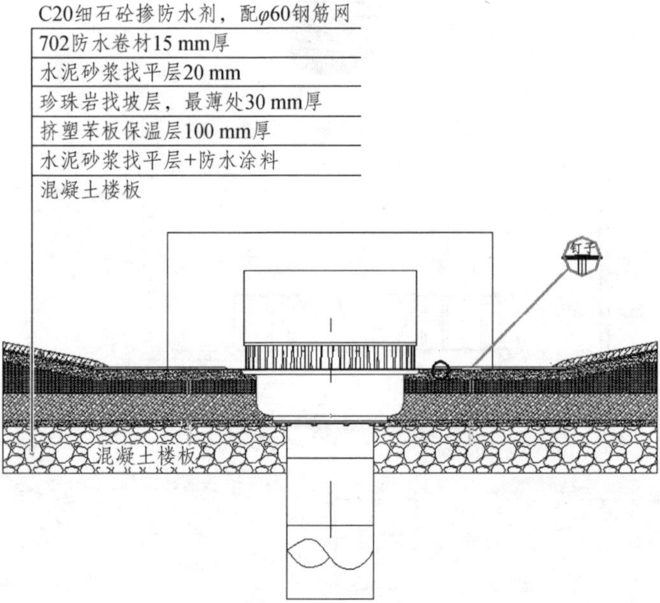

图1-23　沥青屋面安装做法

③ 柔性屋面防水材质。

屋面采用其他防水材料如PVC、张拉膜等，则采用带用于屋面防水的法兰虹吸雨水斗（见图 1-24）。

当屋面为特殊材质，如玻璃钢天沟、铝合金天沟时，可采用法兰雨水斗与其连接（见图 1-25）。

图 1-24　法兰虹吸雨水斗

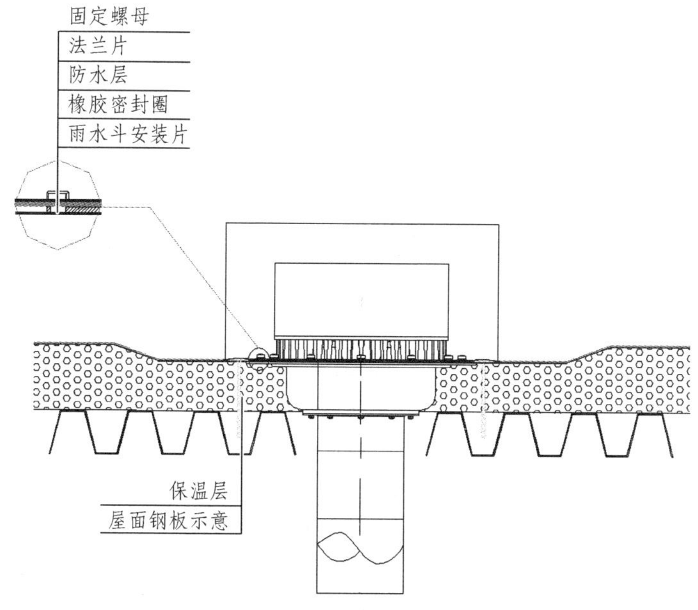

图 1-25　柔性屋面安装做法

6. 雨水斗特殊配件

面对一些特殊的环境需求，拥有多种雨水斗配件供选择：溢流装置、消音装置、加热装置、雨水斗承重装置等。

（1）溢流装置。

无须抬高屋面，只需直接替换雨水斗罩盖即可。12/25 L 的雨水斗可选配成品的溢流装置，德系精工，令施工更加便捷（见图 1-26）。

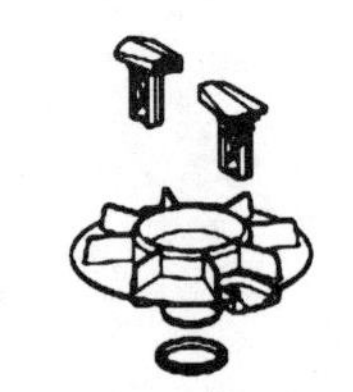

图 1-26　溢流装置

产品编号：359.114.00.1　适用范围：尾管为 De56 的雨水斗（12L）

产品编号：359.036.00.1　适用范围：尾管为 De75 的雨水斗（19L）

产品编号：359.101.00.1　适用范围：尾管为 De90 的雨水斗（25L）

（2）特殊场合的静音装置。

在特殊区域如音乐厅、手术室、会议厅等，可选用 12 L 雨水斗的静音装置，能有效降低水流噪声，降低噪声 40%以上（见图 1-27）。

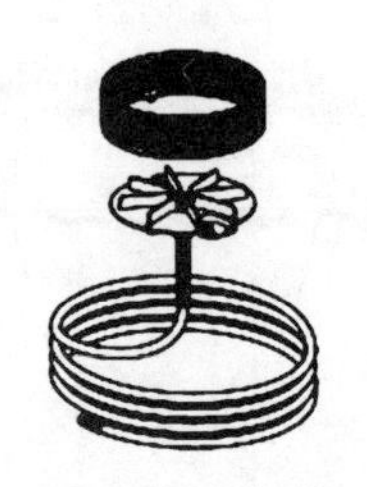

图 1-27　静音装置

产品编号：359.126.00.1

适用范围：尾管为 De56 的雨水斗（12L）

（3）加热装置。

寒冷地区，可选配有融雪功能的加热环，防止冰冻造成系统失效（见图 1-28）。

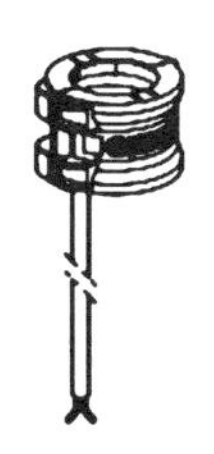

图 1-28　加热装置

产品编号：359.971.00.1

适用范围：尾管为 De56 的雨水斗（12L）

（4）承重装置。

在需要上人、上车或有承重要求的屋顶，可选配 300 kg 或 1500 kg 虹吸雨水承重装置（见图 1-29）。

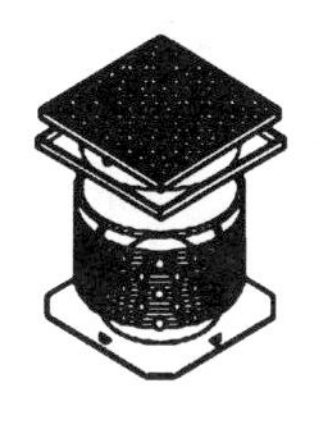

图 1-29　承重装置

产品编号：359.971.00.1

适用范围：尾管为 De56 的雨水斗（12L）

7. 配件选用（*为进口，其余为国产）

配件选用见表 1-6。

表 1-6　配件选用表

尾管管径	应用屋面					
	混凝土屋面		钢天沟屋面		PVC 防水卷材	
d56（12l/s）	359.108.00.1*	359.127.00.1*	359.111.00.1*	359.128.00.1*	359.105.00.1*	359.106.00.1*
溢流组件	359.114.00.1	×	359.114.00.1	×	359.114.00.1	×
降噪组件	359.126.00.1	×	359.126.00.1	×	359.126.00.1	×
隔气层安装片	359.113.00.1		359.113.00.1		359.113.00.1	
承重组件	359.504.00.1 359.635.00.1	×	359.504.00.1 359.635.00.1	×	359.504.00.1 359.635.00.1	×
加热组件	359.971.00.1		359.971.00.1		359.971.00.1	

续表

尾管管径	应用屋面					
	混凝土屋面		钢天沟屋面		PVC 防水卷材	
雨水斗罩盖	243.731.00.1	243.733.00.1	243.731.00.1	243.733.00.1	243.731.00.1	243.733.00.1
法兰压盘	×		×		243.735.00.1	
法兰密封圈					242.610.00.1	
法兰固定螺母					242.611.00.1	
d75（19l/s）	×		359.034.00.1*	×	×	
溢流组件	×		359.036.00.1	×	×	
加热组件			359.042.00.1			
雨水斗罩盖			359.041.00.1	×		

续表

尾管管径	应用屋面					
	混凝土屋面		钢天沟屋面		PVC 防水卷材	
d90（25l/s）	359.099.00.1*	359.129.00.1*	359.100.00.1*	359.131.00.1*	359.098.00.1*	359.130.00.1*
溢流组件	359.101.00.1	×	359.101.00.1	×	359.101.00.1	×
隔气层安装片	359.102.00.1		359.102.00.1		359.102.00.1	
承重组件	359.504.00.1 359.635.00.1	×	359.504.00.1 359.635.00.1	×	359.504.00.1 359.635.00.1	×
加热组件	359.042.00.1		359.042.00.1		359.042.00.1	
雨水斗罩盖	243.731.00.1	243.733.00.1	243.731.00.1	243.733.00.1	243.731.00.1	243.733.00.1

续表

尾管管径	应用屋面		
	混凝土屋面	钢天沟屋面	PVC 防水卷材
法兰压盘			243.735.00.1
法兰密封圈			242.610.00.1
法兰固定螺母			242.611.00.1
De110（45l/s） De125（60l/s） De160（100l/s）	359.345.00.1* 358.538.00.1 359.346.00.1 * 359.539.00.1 359.347.00.1 * 359.540.00.1	359.342.00.1 * 359.528.00.1 359.343.00.1 * 359.536.00.1 359.344.00.1 * 359.537.00.1	359.024.00.1 359.025.00.1 359.026.00.1
加热组件	359.042.00.1	359.042.00.1	359.042.00.1

续表

尾管管径	应用屋面		
	混凝土屋面	钢天沟屋面	PVC 防水卷材
雨水斗罩盖	359.543.00.1	359.543.00.1	359.543.00.1
法兰压盘			242.761.00.1
法兰密封圈			242.612.00.1
法兰固定螺母			242.611.00.1

1.2.2 HDPE 管道系统

1. 虹吸雨水系统管道

（1）PN4 系列（见表 1-7）。

表 1-7 PN4 系列

管径/mm	De50	De56	De63	De75	De90	De110	De125	De160	De200	De250	De315
壁厚/mm	3.0	3.0	3.0	3.0	3.5	4.3	4.9	6.2	7.7	9.7	12.2

（2）PN3.2 系列（此系列已经不再供货，见表 1-8）。

表 1-8 PN3.2 系列

管径/mm	De200	De250	De315
壁厚/mm	6.2	7.8	9.8

2. 虹吸雨水系统管件

虹吸雨水系统管件见表 1-9。

1.2.3 虹吸雨水紧固系统

紧固系统是虹吸式雨水排放系统的重要组成部分。在虹吸式雨水排放系统运行的时候，水流速度快，冲击力大。因此，良好的紧固系统才能确保排水系统的正常工作。

虹吸式屋面排水系统的紧固系统由方钢、C 型钢、连接件、导向及锚固管卡等部件组成，如图 1-30、1-31 所示。

表 1-9　虹吸雨水系统管件

名称	管径（DE）	图片	应用部位
45°弯头	De50、De56 De63、De75 De90、De110 De125、De160 De200、De250 De315	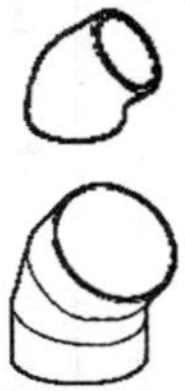	除尾管与横管连接处，其他所有管道转向处都需使用
90°弯头	De50、De56 De63、De75 De90、De110 De125、De160	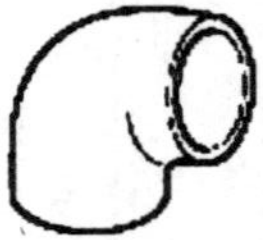	雨水斗下方尾管与横管连接处使用
偏心异径束节	De50、De56 De63、De75 De90、De110 De125、De160 De200、De250 De315	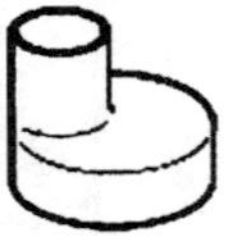	不同管径转换时使用

续表

名称	管径（DE）	图片	应用部位
Y 三通	De50、De56 De63、De75 De90、De110 De125、De160 De200、De250 De315		使用于系统中需同时连接三个管道接口的地方
检查口	De50、De56 De63、De75 De90、De110 De125、De160 De200、De250 De315		使用在立管中，地面上 1 m 的位置（系统总高度超过 35 m 时，须采用铸铁检查口）
电焊管箍	De50、De56 De63、De75 De90、De110 De125、De160 De200、De250 De315		管道连接处

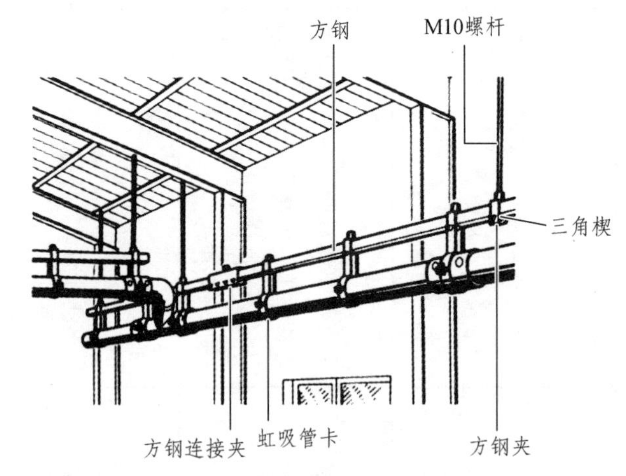

图 1-30　紧固系统大样

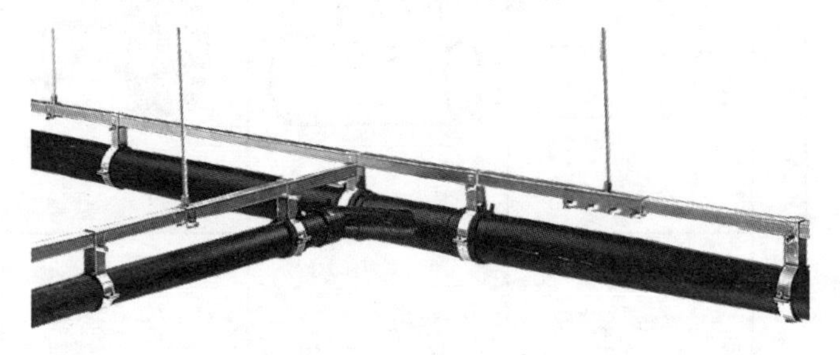

图 1-31　紧固系统大样

1. 紧固系统作用

（1）我公司的紧固系统适合预制安装，可将管卡先安装在屋面板上，再进行管道固定，使安装更快速。

（2）使用方钢系统做悬吊，只需每 2.5 m 一个悬吊点，减少屋面结构的紧固点，保护屋面结构。

（3）管道因热胀冷缩引起的轴向力被钢导轨吸收，进而进行分散传导，因无须伸缩节，杜绝了漏水的可能。

2. 虹吸雨水紧固系统

虹吸雨水紧固系统见表 1-10。

表 1-10　虹吸雨水紧固系统

名称	管径（DE）	图片	应用部位
方钢			50～200 mm 管道悬吊处
三角楔			管卡、连接件、骑行卡与方钢连接处
方钢连接件			使用在方钢断开需连接处
方钢骑形卡			连接方钢与屋面结构
C 型钢			250 ～ 315mm 管道悬吊处
C 型钢悬挂件		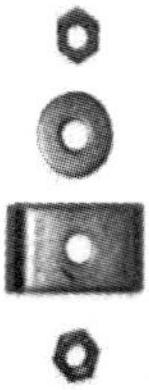	连接 C 型钢与屋面结构
C 型钢连接件		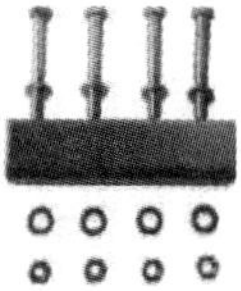	使用在 C 型钢断开需连接处

续表

名称	管径（DE）	图片	应用部位
M10 螺纹杆			用于连接紧固配件与安装片
悬吊管卡	De50、De56、De63 De75、De90、De110 De125、De160、De200 De250、De315		用于连接/紧固悬吊管道与方钢
			用于连接/紧固悬吊管道与 C 型钢
悬吊锚固管卡	De250		用于连接/紧固悬吊管道与 C 型钢，起锚固作用
悬吊锚固管卡	De315		
立管管卡	De50、De56、De63 De75、De90、De110 De125、De160、De200 De250、De315		用于连接/紧固立管管道
			用于连接/紧固立管管道
安装片	M10		用于固定承重结构与丝杆连接处
	G1/2"		
	G1"		

续表

名称	管径（DE）	图片	应用部位
电焊圈	De50、De56、De63 De75、De90、 De110 De125、De160、 De200 De250		用于管卡和管道中间，起锚固作用
电焊圈	De315		用于管卡和管道中间，起锚固作用
双法兰衬管	De200、De250、 De315		用于（200 ~ 315 mm）立管管卡和管道中间，起锚固作用

3. HDPE 管管道支架最大间距

悬吊管固定间距如图 1-32 所示；最大安装间距见表 1-11。

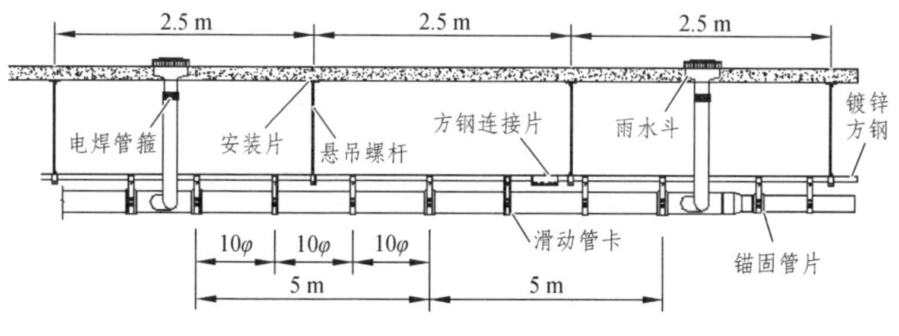

图 1-32　悬吊管固定安装

表 1-11　悬吊管最大安装间距

项目	最大安装间距
悬吊滑动管卡的安装间距：De40-De90	0.8 m
悬吊滑动管卡的安装间距：De110-De160	10Φ
悬吊滑动管卡的安装间距：De200-De315	1.7 m
悬吊锚固管卡得安装间距	5 m
悬吊螺杆卡得安装间距	2.5 m
注明：Φ 表示管道的外径	

立管固定间距如图 1-33 所示；最大安装间距见表 1-12。

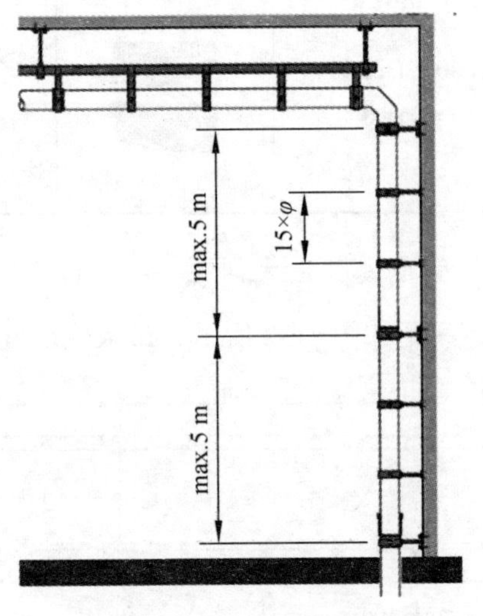

图 1-33　立管固定安装

表 1-12　立管最大安装间距

项目	最大安装间距
滑动管卡的安装间距	15Φ
锚固管卡得安装间距	5 m
注明：Φ 表示管道的外径	

1.2.4　虹吸雨水设计软件

对于虹吸式屋面雨水排放系统而言，系统的设计是重中之重。

当系统管道内形成虹吸作用时，由于可使用的管道管径不一定恰好是计算所得的管径尺寸，因此管道内部会有很多溶解在水中的小气泡，并不是完全理想化的液态单相的流态。这些微小气泡在流动过程中会逐渐释放，然而这种气水混合流而非气水两相流的流态，仍可以被看作虹吸作用是允许存在的状态，并不影响虹吸作用的形成，也不影响系统的排水能力。但是，有气泡溶解在水中并不意味着管道内存在气团。如果排水管道内，中间部分是气团，沿壁部分是水流，这样就是传统的重力雨水排放系统的管内流态。管道内气团的存在，严重影响虹吸作用时管内满流状态的形成，水流在管道内的充满度相当低，会大大减小系统的排水能力。

所以在实际虹吸情况中，即使管道内充满水，里面还会融入空气，而我公司软件中的数据库，是通过实验室根据不同气水混合情况测试出来的一套独家经验，其中包括流量值、负压值、充满度等等，不仅充分考虑了气水混合流状态，还计算沿程损失，以及局部阻力的损失。软件每年会更新两次，通过数据库层层升级使其计算更符合实际工况。

我们提供系统图（见图 1-34）、水力计算说明书（见图 1-35）、材料表（见图 1-36）。

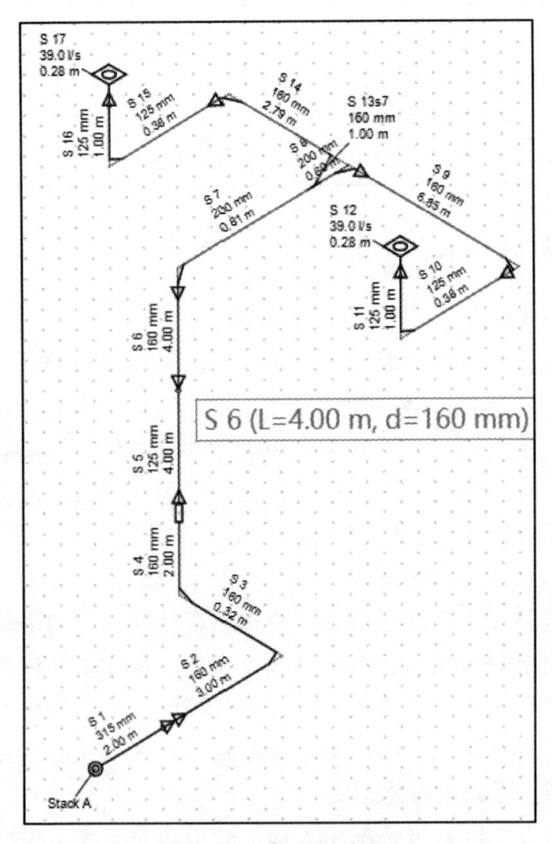

图 1-34　虹吸系统图

注：完整的系统图标高需要包含雨水斗标高、水平悬吊管道标高、检查口标高和出户标高。另外，我公司虹吸雨水系统图还显示了各段管道编号、长度、管径，还有各位置的变径和弯头等。

Type	S	d [mm]	L [m]	H [m]	V̇ target [l/s]	V̇ [l/s]	p in [mbar]	p out [mbar]	v [m/s]	Ψ [%]	Zeta	L·R+Z [mbar]
C	1	**315**	2.00		78.0	78.0	1	0	1.3	85	1.0	8
C	2	**160**	3.00		78.0	78.0	-12	-114	5.4	85	0.6	102
C	3	**160**	0.32		78.0	78.0	32	-12	5.4	85	0.3	44
↓ St	4	**160**	2.00	2.00	78.0	78.0	-72	32	5.4	85	0.3	63
↓ St	5	**125**	4.00	4.00	78.0	78.0	-410	-266	8.6	85	0.1	189
↓ St	6	**160**	4.00	4.00	78.0	78.0	-475	-216	5.4	85	0.2	74
C	7	**200**	0.81		78.0	78.0	-370	-399	3.3	85	0.6	30
C	8	**200**	0.60		39.0	39.0	-331	-334	1.7	85	0.2	3
C	9	**160**	6.85		39.0	39.0	-315	-350	2.7	85	0.5	36
C	10	**125**	0.38		39.0	39.0	-322	-363	4.3	85	0.5	41
O	11	**125**	1.00	1.00	39.0	39.0	-370	-322	4.3	85	0.3	36
RO	12	110	0.28	0.28	39.0	39.0		-428	5.7	85	2.3	314
C	13s7	**160**	1.00		39.0	39.0	-336	-353	2.7	85	0.5	17
C	14	**160**	2.79		39.0	39.0	-319	-336	2.7	85	0.3	17
C	15	**125**	0.38		39.0	39.0	-327	-368	4.3	85	0.5	41
O	16	**125**	1.00	1.00	39.0	39.0	-373	-327	4.3	85	0.3	36
RO	17	110	0.28	0.28	39.0	39.0		-432	5.7	85	2.3	317

图 1-35　虹吸系统水力计算书

Quotation on GEBERIT- PLUVIA

GEBERIT

吉博力虹吸式屋面雨水排放系统

经销商 Distributor: 北京盛德诚信商贸有限公司　　日期 2021/3/29

项目 Project: 国会二期　　编号

版本

序号	Article No. 产品编号	Pcs/M 原始数据	Pcs/M 技术部优化	Description 产品名称	Dia (mm) 直径	备注
Roof drainage outlet 雨水斗						
1	359.099.00.1	70	70	屋面雨水斗（混凝土，25L）	90.00	
2	359.108.00.1	93	93	屋面雨水斗（混凝土，12L）	56.00	
Roof drainage pipes 屋面排放管道						
3	353.002.16.2	69.8	70	HDPE 管道，5米长	50.00	
4	353.003.16.2	81.1	85	HDPE 管道，5米长	56.00	
5	353.004.16.2	258.4	260	HDPE 管道，5米长	63.00	
6	353.005.16.2	304.1	305	HDPE 管道，5米长	75.00	
7	353.006.16.2	391.9	395	HDPE 管道，5米长	90.00	
8	353.007.16.2	1,279.6	1280	HDPE 管道，5米长	110.00	
9	353.008.16.2	1,983.4	1985	HDPE 管道，5米长	125.00	
10	353.009.16.2	3,357.2	3360	HDPE 管道，5米长	160.00	
11	353.016.16.2	3,575.7	3580	HDPE 管道，5米长	200	
12	353.017.16.2	1,653.9	1655	HDPE 管道，5米长	250.00	
Roof drainage fittings 屋面排放管件						
13	353.035.16.1	14	17	135 deg(45 deg)弯头	50.00	
14	353.036.16.1	246	296	135 deg(45 deg)弯头	110.00	
15	353.039.16.1	314	377	135 deg(45 deg)带对焊长转角弯头	250	
16	353.041.16.1	21	21	90 deg带对焊长转角的弯头	200.00	
17	353.044.16.1	26	26	Y型135 deg(45 deg)三通	110.00	
18	353.045.16.1	70	70	[illegible]	250/200	

Pluvia Fastening material 紧固件						
30	353.062.00.1	1	1	可调试管卡	50.00	
31	353.063.00.1	8	8	可调试管卡	56.00	
32	353.054.00.1	72	72	可调试管卡	63.00	
36	353.058.00.1	381	381	可调试管卡	125.00	
37	353.059.00.1	481	481	可调试管卡	160.00	
38	353.062.00.1	129	129	管卡	50	
39	353.063.00.1	131	131	管卡	56	
43	353.068.00.1	857	857	镀锌管卡∮110MM作导向/锚固管卡	110.00	
44	353.069.00.1	1,336	1335	镀锌管卡作导向/锚固管卡∮125MM	125.00	
45	353.070.00.1	2,144	2144	镀锌管卡作导向或锚固管卡∮160MM	160.00	
46	353.071.26.1	2,272	2272	管卡	200	
47	353.072.26.1	8,773.8	8775	方形钢导管，5000毫米长		
48	353.073.26.1	18,216	18216	连接管卡与方形钢导管的角钢		
49	353.095.00.1	7,150	7150	紧固系统螺纹杆	M10	
50	353.302.00.1	215	216	可调式管卡	200.00	
51	353.303.00.1	1,982.3	1985	C型钢		
52	353.304.00.1	7,150	7150	安装片	M10	
53	353.305.00.1	1,449	1449	安装片	G1/2"	
54	353.306.00.1	263	263	安装片	G1"	
55	361.776.16.1	52	52	与锚固管卡连接的电焊圈	50.00	
56	362.860.00.1	1,346	1346	方形钢导管连接件		
57	362.861.00.1	4,812	4812	方形钢导管骑形卡		
58	363.776.16.1	46	46	与锚固管卡连接的电焊圈	56.00	
59	363.865.00.1	992	992	C型钢悬挂件		
60	363.866.00.1	318	318	C型钢连接件		
66	369.776.16.1	955	955	与锚固管卡连接的电焊圈	160.00	
67	370.751.16.1	98	98	双法兰衬管	200.00	
68	370.776.16.1	992	992	与锚固管卡连接的电焊圈	200.00	
69	372.776.16.1	25	25	与锚固管卡连接的电焊圈	315.00	
70	371.751.16.1	18	18	双法兰衬管	250.00	
71	371.840.00.1	48	48	可调式管卡	250.00	
其他辅材						
87	W001.014.00.1		4850	40*4*6000mm/根，镀锌角铁	40#A	仅为技术部估算(单位根)
88	W369.006.02.1		451	阻火圈(蓝色)	De160	
89	W370.006.00.1		55	阻火圈(蓝色)	De200	
90	W017.007.90.1		451	套管	De160	

图 1-36　虹吸系统材料单

注：虹吸雨水材料单由雨水斗、屋面排放管道及配件、紧固件以及辅材四部分组成。

1.2.5　技术支持

1. 初期配合

产品推广：配合销售进行前期推广，包括但不限于（公司概况、产品介绍、优势宣讲、案例展示）。

方案沟通：去甲方、设计院做项目前期设计方案沟通。

现场勘察：根据项目方案设计要求去现场察看情况是否符

合设计要求。

方案设计：初版方案设计。

材料统计：整理材料清单，包含材料清单说明。

成本分析：根据项目实际情况做项目成本对比分析。

方案汇报：项目设计方案、难点解析、产品项目应用优势汇报。

项目营销培训：给甲方营销人员做虹吸雨水优势培训。

2. 投标阶段

投标图：绘制并整理项目投标图。

投标报价清单：整理项目投标材料清单、相关措施费清单。

咨询对量：与甲方、咨询公司核对工作量，直至确认完成。

施工图打印：打印图纸并报送设计院、甲方审批签字。

编写标书：编写投标技术标书、配合销售提供其他技术相关信息。

参加开标会：开标现场技术答疑。

3. 合同阶段

合同审核：审核合同技术内容和材料报价清单。

施工技术交底：给工程部做项目设计交底（讲解项目概况，讲解设计概况，讲解此项目注意事项，讲解优化范围，讲解安装指导，详见附件）。

4. 样板阶段

现场技术指导：技术去现场配合工程进行样板施工。

5. 大区施工阶段

施工图优化：根据样板施工及项目现场情况优化施工图纸。

理论样板间量：根据样板间深化图纸、现场情况、材料使用要求整理材料清单。

现场读图讲图：给现场甲方、总包、精装等做读图讲图。

现场技术指导：根据现场需要，去现场做技术沟通，针对现场问题给出解决方案。

设计变更\洽商：配合甲方、设计院做现场设计变更\洽商。

6. 竣工结算阶段

竣工图：整理项目竣工图。

结算清单：整理项目结算材料清单。

竣工图打印：打印图纸并报送设计院、甲方审批签字。

7. 维保阶段

技术回访服务：技术人员抵达现场，进行现场解答，并给出合理解决方案。

1.2.6 虹吸雨水系统质量保证

■对于验收合格的项目，我公司会发放系统保证书。

■保证系统正常运作 10 年。

■真正的全球联保。

在中国，我公司为所有验收合格的虹吸系统提供以下保险，如图 1-37 所示。

中国平安 PING AN
金融 · 科技

保单号：10526003992977506007

PUBLIC AND PRODUCTS LIABILITY INSURANCE POLICY

This Policy comprises mainly the Schedule, Scope of Cover, Exclusions, Treatment of Claim, Insured's Obligations, General Conditions, and Special Provisions, including also the Proposal of insurance together with its attachments as well as any additions to be made, from time to time, by the Company in the form of Endorsement.

WHEREAS THE INSURED named in the Schedule hereto has made to **PING AN PROPERTY & CASUALTY INSURANCE COMPANY OF CHINA, LTD.** (hereinafter called "the Company") a written Proposal which together with any other statements made by the insured for the purpose of this Policy is deemed to be incorporated herein and has paid to the Company the premium stated in the Schedule.

NOW THIS POLICY OF INSURANCE WITNESSES that subject to the terms and conditions contained herein or endorsed hereon the Company shall indemnify the Insured for the loss or damage sustained during the period of insurance stated in the Schedule in the manner and to the extent hereinafter provided.

For and On Behalf of
Ping An P & C Insurance Company of China, Ltd.

中国平安财产保险股份有限公司
PING AN PROPERTY & CASUALTY INSURANCE COMPANY OF CHINA, LTD.
保单专用章
SPECIAL SEAL FOR POLICY

Authorized Signature

1 of 28

验真码：9Xv366WY5FcM9sysWg

图 1-37 质量险

同时，我公司为所有验收合格的虹吸系统提供以下安装保险（见图 1-38）。

中国平安
金融·科技

北京盛德诚信机电安装有限公司

安装工程一切险及第三者责任险

中国平安
PINGAN

中国平安财产保险股份有限公司北京分公司
PING AN PROPERTY&CASUALTY INSURANCE COMPANY BEIJING BRANCH

二〇二〇年

中国平安 PING AN
金融·科技

中国平安财产保险股份有限公司

安装工程一切险及第三者责任险(EAR)

保险单号:10144003901106857119
验真码:3T3ax5z35A4eEuGYvF

鉴于投保人向中国平安财产保险股份有限公司北京________分公司（以下简称“本公司”）提交书面投保申请和有关资料（该投保申请及资料被视作本保险单的有效组成部分），并同意向本公司缴付本保险单明细表中列明的保险费，本公司同意在本保单条款规定的保险责任范围内，对保险期限内被保险人的损失负赔偿责任，特立本保险单为凭。

被保险人	北京盛德诚信机电安装有限公司
项目名称	安装工程
保险期限	建设安装期 自2020年11月01日00时起至2021年10月31日24时止 保证期 自2021年11月01日00时起至2023年10月31日24时止

复核：吴宇宸　　　　制单：ZHANGWEIWEI208　　　　中国平安财产保险股份有限公司
签发日期：2020年10月30日　　　　（盖章）
签单公司地址：
北京市朝阳区光华路5号院2号楼14层1701内1701单元　　　　（本保单加盖保单专用章生效）

中国平安财产保险股份有限公司
PING AN PROPERTY & CASUALTY INSURANCE COMPANY OF CHINA,LTD.
保单专用章
SPECIAL SEAL FOR POLICY

本保单信息来源于您的投保申请，是为您提供理赔及售后服务的重要依[illegible]通过点击电子签章，或登陆CA中心认证官网（http://210.74.42.34:8000/PaperlessVerify/Page），上传电子保单查验保单真伪。也可访问以下网站，管理您的保险信息。如有疑问，请致电服务热线95511。
个人网络查询：请访问http://one.pingan.com/，注册并登陆平安一账通.
企业网络查询：请访问https://icore-aaas.pingan.com.cn，注册并登陆团E宝.

第 1 页　　共 3 页

图 1-38　安装险

2 设计步骤

2.1 技术配合

2.1.1 销售填写技术配合单

技术配合单如表 2-1 所示。

表 2-1 技术配合单审批样表

关键字段	填写形式	选项内容	备注
申请事由			
项目名称			
项目编号			
我司业务员			
我司设计人员			
设计院/甲方设计师			
联系方式			
期望交图日期			
申请人所在部门			

续表

关键字段	填写形式	选项内容	备注
业务类型		虹吸	
项目所在区域			
成功率		20%/40%/60%/80%/100%	
获取途径		总包/甲方/设计院	
投标要求			
配合深度		1. 初版方案，材料清单（使用软件直接导出材料清单，用于总包方投标） 2. 投标报价，整理深化方案和清单（用于总包初步报价） 3. 投标竞价，整理最优图纸方案和材料清单（成本降到最低）	
出图要求		可以/不可以修改原图方案，如立管位置、水平管路由、雨水斗位置及数量	
材质要求		HDPE/不锈钢	
项目属性		常规（配合周期5个工作日）/加急	
如果需要加急填写原因			
其他需技术注意事项			
附件名称	添加附件		
附件	添加附件		

2.1.2 设计初期需要了解及具备的资料

1. 虹吸雨水排放范围

（每个项目可能只有局部区域需要做虹吸，其他区域设计已考虑其他排水方式，所以设计前需要确认清楚范围。）

2. 设计参数

（1）暴雨重现期________ □5 年 □10 年 □50 年
暴雨强度 q= ________L/s

（2）溢流重现期________ □5 年 □10 年 □50 年
□100 年暴雨强度 q= ________L/s

（3）暴雨强度公式：

（我们自己查出来的暴雨强度值可能会与设计院选择的公式不同，所以设计前需要与设计师确实设计参数及暴雨强度公式）

（4）是否乘 1.5 系数：

（根据规范要求屋面坡度大于 2.5% 的斜屋面设计雨水量需要乘以 1.5 系数，但是会大大增加造价，所以一般销售有要求不乘，并且设计院同意的情况下我们可以不乘系数）。规范要求如图 2-1 所示。

5.2 建筑雨水

5.2.1 建筑屋面设计雨水流量应按下式计算：

$$q_y = \frac{q_j \cdot \varphi \cdot F_w}{10\ 000} \quad (5.2.1)$$

式中：q_y——设计雨水流量（L/s），当坡度大于2.5%的斜屋面或采用内檐沟集水时，设计雨水流量应乘以系数1.5；

q_j——设计暴雨强度[L/(s·hm^2)]

图2-1 规范参数要求

溢流方式：□溢流系统　□溢流口

（溢流系统是指一套单独的排除超出虹吸重现期雨水的系统，溢流口是指在女儿墙或者天沟侧边开设的排除超出虹吸重现期雨水的雨水口，建议能开溢流口尽量开溢流口，可以减少造价。）

径流系数：K=

（雨水径流系数是指一定汇水面积的径流雨水量与降雨量的比值。绿化屋面时，土壤和植被才吸纳部分雨水，故径流系数会小一些，但在项目由于绿化屋面做法方式较多且复杂，有时植被只是装饰，做法不好确定，建议在计算时按1设计，以适应屋面工程改造变化。）

3. 图纸要求

给排水平面图（设计基础图）。

建筑平面图（屋面找坡一般会在建筑图上表示所以需要建筑图）。

结构平面图（用来确认管道固定生根点）。

立面图（用来查看屋面高差，计算侧墙面积）。

虹吸屋面做法或天沟大样图（需根据此做法来确认雨水斗选型）。

屋面虹吸平面图、系统图（有些项目方案已经有其他厂家配合过，拿过来原方案合理的情况下我们只需要根据原方案进行调整就可以）。

小市政外线图纸（因虹吸出户管道最终接入市政井，所以需要此图纸，我们才能确认出户管道实际长度）

三维模型（一些复杂屋面，平面图和剖面图很难看出屋面形状，三维模型更直观全面）

4. 屋面形式

（1）天沟。

天沟材质：______________天沟尺寸：______________ 天沟长度：_________

天沟防水：__________________（TPO 或其他形式）天沟伸缩缝情况：_________________

其他附加信息（如：天沟中部是否有断开，天沟形式的特殊性等）

（2）混凝土屋面。

防水形式：________________（SBS 或 PVC 或其他形式）

其他特殊做法：______________

（规范对天沟蓄水容积是有要求的，之所以有这个要求，是为了强调虹吸式屋面雨水系统在虹吸启动过程中，不应出现天沟溢水或者反水事故，所以我们会对天沟尺寸进行校核。我方前期建议天沟尺寸为 $L \times B$=600 mm×400 mm（600 宽需要满足雨水斗的安装和均匀进水）。——如果我们能确定天沟能和屋面防水等搭接好，比如天沟和屋面之间是完全密封的，再比如混凝土的屋面，保证屋面不会有溢水或者反水的风险，如果现有尺寸不满足校核尺寸，此时屋面可能会有一定的积水，只要屋面能承受这部分的荷载就可以。）规范要求如图 2-2 所示。

> 3.2.6　天沟的有效蓄水容积不宜小于汇水面积雨水设计流量 60 s，且不宜小于虹吸启动时间的降雨量。当屋面坡度大于 2.5% 且天沟满水会溢入室内时，经计算若虹吸启动时间大于 60 s 时，天沟的有效蓄水容积不宜小于汇水面积雨水设计流量 2 min，且不应小于虹吸启动时间的降雨量。

图 2-2　规范蓄水容积要求

（一般金属天沟要求每隔 30 m 设置伸缩缝，所以前期需要跟对方确认天沟中有无设置伸缩缝，以伸缩缝为边界来进行设计。）

5. 设计辅助信息

（1）管材 （不锈钢或 HDPE）＿＿＿＿＿＿

（2）雨水斗位置及尾管高度。

（此两项需要跟设计确定有没有特殊要求，一般设计会根据净高和其他专业管线来综合排布，所以尾管高度不定，需要跟设计确定，如不确定可暂按 1 m 设计。）

（3）立管位置。

（立管一般放在承重柱子或管井内，设计会结合项目情况综合考虑立管放置位置，所以需要与对方确认）

（4）管道的空间走向。

（一般按照规范进行设计，与设计确认有无特殊要求即可）

（5）虹吸出户位置及标高＿＿＿＿＿＿米出户，出户长度按＿＿＿＿＿＿计算。

（因项目可能后期会有扩建或者因市政管网的设计排出方向有限制，所以需要跟设计确定。出户标高一般按照-1米，长度按照接入市政井的长度计算，无法确认时按照出外墙5米计算。）

（6）溢流出户形式<u>（散排或接入市政雨水井）</u>位置及标高 ________ 米出户，出户长度按________ 计算。

（规范要求溢流雨水需散排，但是目前也有部分项目设计考虑到建筑的美观等，溢流排出管也接入市政井，高度与长度需要与对方确认，无法确认时散排管道按照地面上0.2米，出外墙0.5米设计，接井管道按照-1米标高，长度5米进行设计。）

（7）现场是否预埋套管________ 套管性质<u>（柔性套管或刚性套管）</u>

（在我们设计方案时，可能现场已经预留了穿墙套管，而且一般不可再调整，所以需要设计时和对方确定是否需考虑现场预留情况，钢性套管：预留套管大，虹吸出户设计管径小，可对套管内进行封堵；柔性套管：因柔性套管内有橡胶圈与管道紧密连接，故如果出户预留为柔性套管，虹吸出户管设计管径则需与套管大小吻合，不可调整）

备注：

（1）建议溢流按规范做散排。

（2）我公司不建议天沟内有坡度，会影响虹吸系统运行。

（3）其他类型的水，不能排到我们虹吸的屋面（因为管道容积只校核对应暴雨重现期的雨量）。

（4）以下情况可不用做天沟：

① 混凝土屋面，据分水线和坡度形成的汇水分区情况，在低点局部做平放置雨水斗，或屋面找坡形成V型，在V型谷底通常做平，类似于平天沟，均布雨水斗。

② 钢结构屋面带保温材料并且使用防水卷材做屋面防水，屋面表面形成一片式，情况类似混凝土屋面，有女儿墙，同时不上人。

2.2 图纸设计步骤

2.2.1 汇水分区划分

按照屋面找坡线进行划分，标注分区编号，如图 2-3 所示。

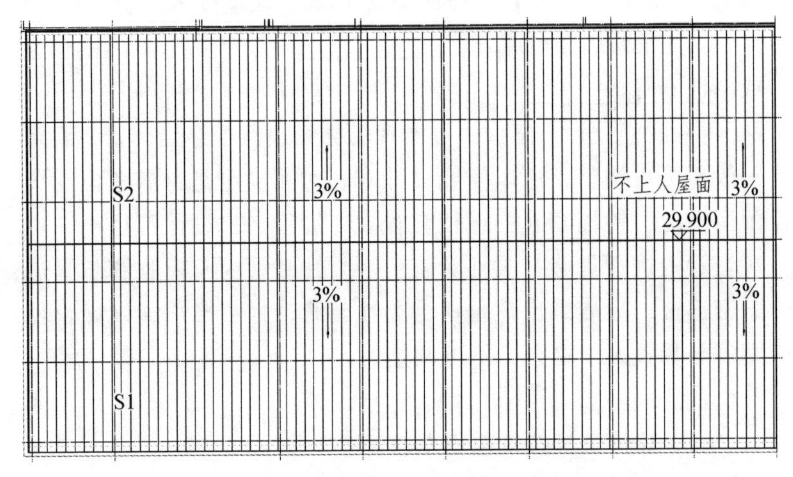

图 2-3 汇水分区示意图

2.2.2 汇水面积 S 的计算

基本公式：

$$S=S_{投影}+S_{侧墙}$$

$$S_{投影}=LW$$

$$S_{侧墙}=1/2*W*H$$

如图 2-4 所示。

汇水面积=投影面积+侧墙面积
长×宽=屋面汇水面积（投影面积）

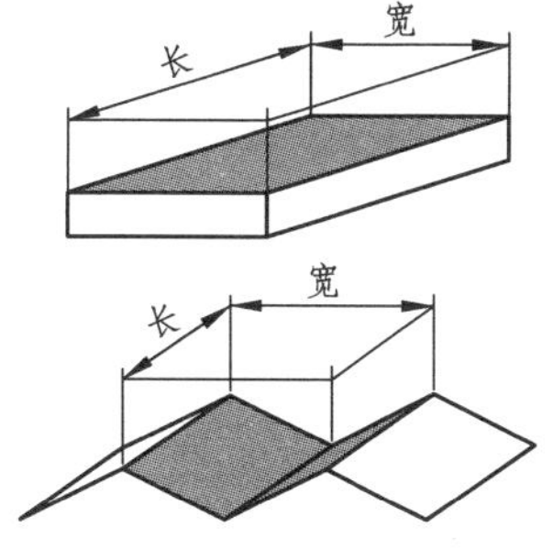

高出屋面的侧墙，应附加其最大受雨面正投影的一半作为有效汇水面积

雨水汇水面积应按屋面水平投影面积计算

图 2-4　面积计算示意图

2.2.3　雨水流量 Q 的计算

基本公式：

$Q=k\times S\times q$，如图 2-5 所示。

k——径流系数，一般取 1，有种植及绿化的屋面需和设计师确认后得出；

S——排水区域的汇水面积；

q——虹吸雨水暴雨重现期。

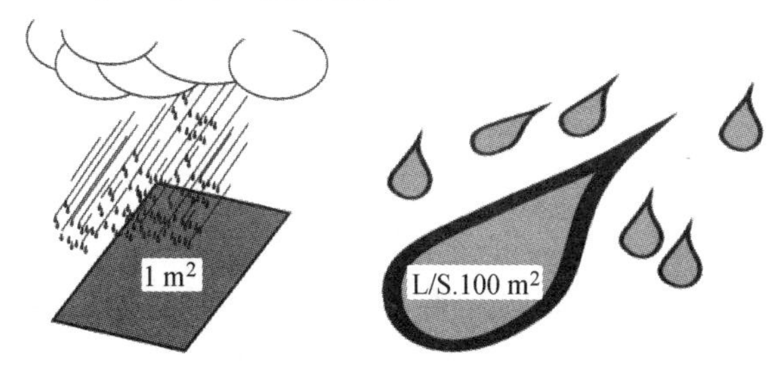

图 2-5　汇水面积流量示意

q 值通过软件查出，如图 2-6 所示（数据需与设计院确认，或者按照设计院提供公式计算）。

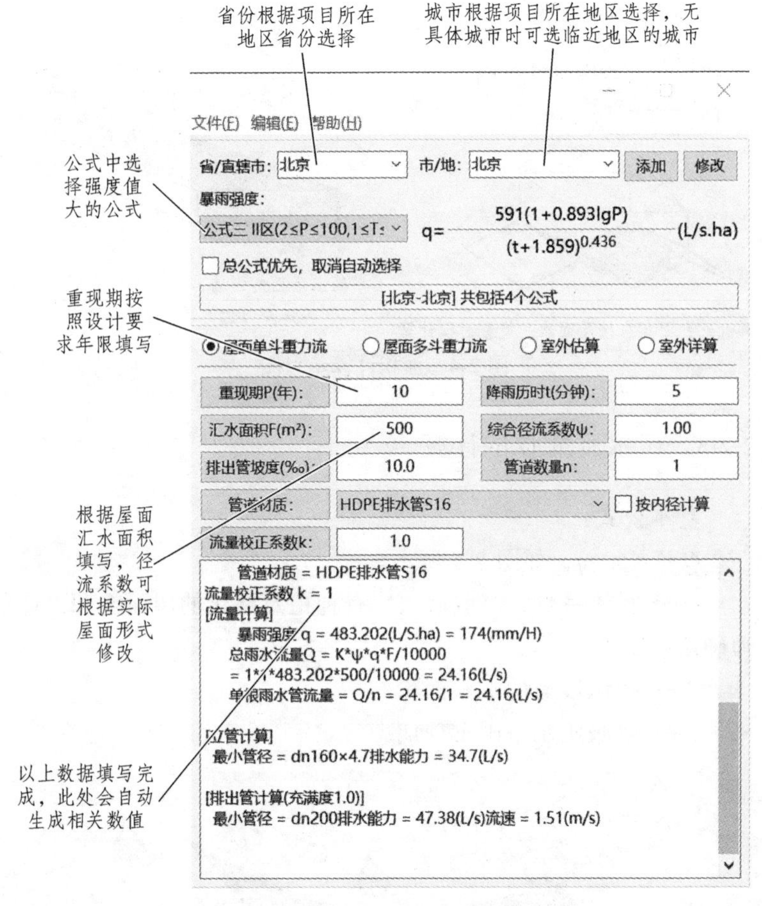

图 2-6　暴雨强度查询示意

如：查询北京地区 10 年与 50 年的暴雨重现期值，如图 2-7、2-8 所示。

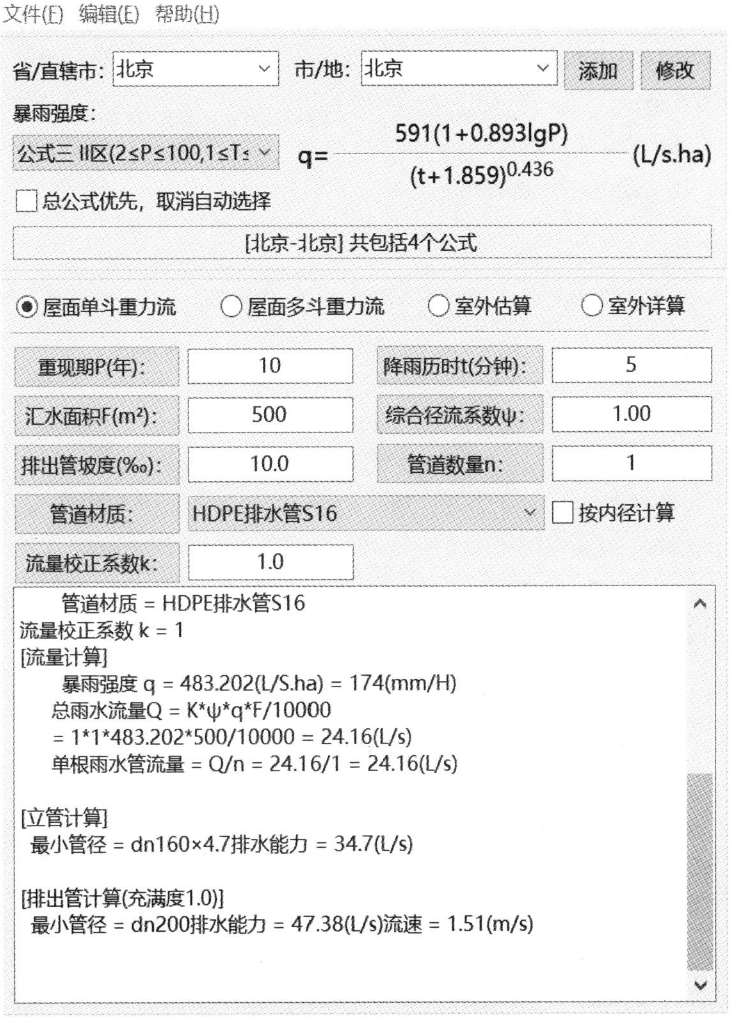

文件(F) 编辑(E) 帮助(H)

省/直辖市: 北京 市/地: 北京 添加 修改

暴雨强度:

公式三 II区(2≤P≤100,1≤T≤

$$q=\frac{591(1+0.893\lg P)}{(t+1.859)^{0.436}}\ (L/s.ha)$$

☐ 总公式优先，取消自动选择

[北京-北京] 共包括4个公式

◉ 屋面单斗重力流 ○ 屋面多斗重力流 ○ 室外估算 ○ 室外详算

重现期P(年):	10	降雨历时t(分钟):	5
汇水面积F(m²):	500	综合径流系数ψ:	1.00
排出管坡度(‰):	10.0	管道数量n:	1
管道材质:	HDPE排水管S16	☐ 按内径计算	
流量校正系数k:	1.0		

管道材质 = HDPE排水管S16
流量校正系数 k = 1
[流量计算]
暴雨强度 q = 483.202(L/S.ha) = 174(mm/H)
总雨水流量Q = K*ψ*q*F/10000
= 1*1*483.202*500/10000 = 24.16(L/s)
单根雨水管流量 = Q/n = 24.16/1 = 24.16(L/s)

[立管计算]
最小管径 = dn160×4.7排水能力 = 34.7(L/s)

[排出管计算(充满度1.0)]
最小管径 = dn200排水能力 = 47.38(L/s)流速 = 1.51(m/s)

图 2-7　北京地区 10 年暴雨强度查询示意

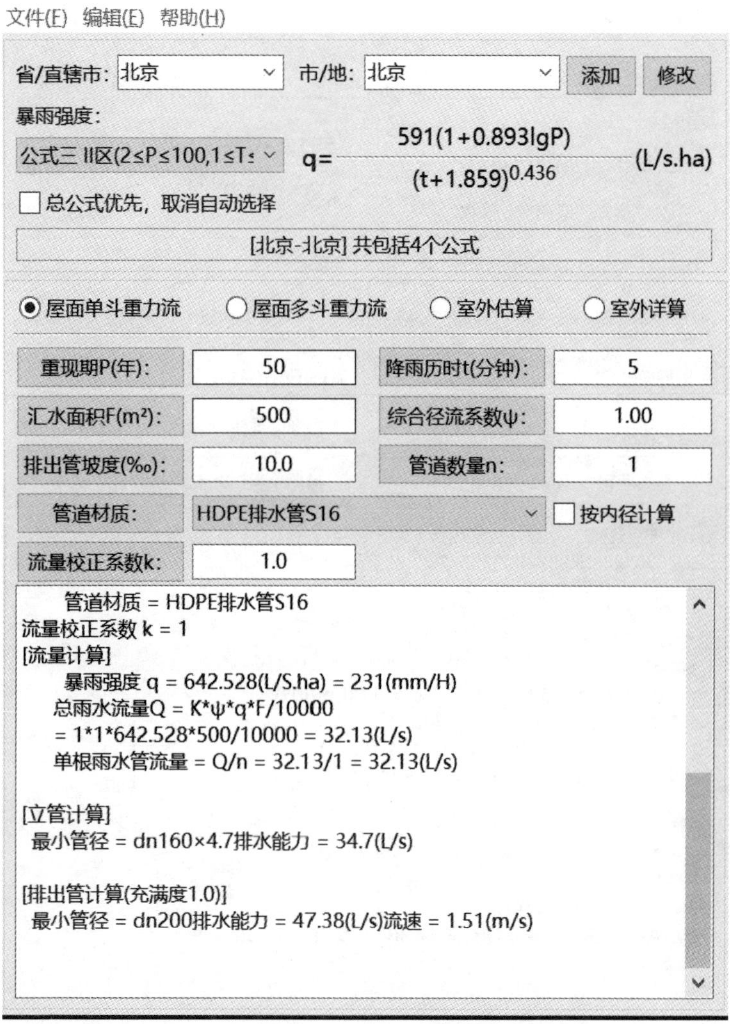

文件(F) 编辑(E) 帮助(H)

省/直辖市：北京 市/地：北京 添加 修改

暴雨强度：

公式三 II区(2≤P≤100,1≤T≤

$$q=\frac{591(1+0.893\lg P)}{(t+1.859)^{0.436}}\ (L/s.ha)$$

☐ 总公式优先，取消自动选择

[北京-北京] 共包括4个公式

◉ 屋面单斗重力流 ○ 屋面多斗重力流 ○ 室外估算 ○ 室外详算

重现期P(年)：	50	降雨历时t(分钟)：	5
汇水面积F(m²)：	500	综合径流系数ψ：	1.00
排出管坡度(‰)：	10.0	管道数量n：	1
管道材质：	HDPE排水管S16	☐ 按内径计算	
流量校正系数k：	1.0		

管道材质 = HDPE排水管S16
流量校正系数 k = 1
[流量计算]
暴雨强度 q = 642.528(L/S.ha) = 231(mm/H)
总雨水流量Q = K*ψ*q*F/10000
= 1*1*642.528*500/10000 = 32.13(L/s)
单根雨水管流量 = Q/n = 32.13/1 = 32.13(L/s)

[立管计算]
最小管径 = dn160×4.7排水能力 = 34.7(L/s)

[排出管计算(充满度1.0)]
最小管径 = dn200排水能力 = 47.38(L/s)流速 = 1.51(m/s)

图 2-8　北京地区 50 年暴雨强度查询示意

查的结果为 10 年 483.202 L/（s・hm^2），换算为平方米后为 0.0483 L/s・m^2，50 年 642.528 L/（s・hm^2），换算为平方米后为 0.0643 L/s・m^2 可将此值代入公式计算。

例：北京地区厂房，两条天沟，总汇水面积为 5 000 m^2，屋面形式为两面坡，天沟为钢天沟，按照 10 年暴雨重现期计算暴雨强度，请计算每条天沟的雨水流量 Q。

解：从已知条件可以知道

单面的汇水面积 S=5 000/2=2 500 m^2

查得北京 10 年的暴雨强度值为 q=0.048 3L/s・m^2

则 Q=S×q=2 500×0.048 3=120.75 L/s

可根据此值进行雨水斗的分配。

2.2.4 溢流雨水流量 $Q_{溢}$ 的计算

基本公式：

$$Q=k\times S\times q_{溢}$$

k——径流系数，一般取 1，有种植及绿化的屋面需和设计师确认后得出；

S——排水区域的汇水面积；

$q_{溢}$——虹吸排水满足的总暴雨重现期年限的暴雨强度-暴雨重现期正常虹吸年限的暴雨强度（总排水年限一般为 50 或者 100 年）。

例：接上例题：若屋面排水总量需满足 50 年的重现期，求每条天沟的溢流雨水量 $Q_{溢}$。

解：从已知条件可以知道

单面的汇水面积 S=1/2×5 000=2 500 m^2

$Q_{溢}$=0.064 3−0.048 3=0.016 0 L/s·m²。

则 $Q_{溢}=S\times q_{溢}$=2 500×0.016 0=40 L/s

可根据此值进行雨水斗的分配和溢流口的计算。

溢流形式：溢流系统和溢流口

溢流系统的设置根据以上步骤进行。

溢流雨水斗有三种设置形式：

（1）周围做 100 mm 围挡，如图 2-9、2-10 所示。

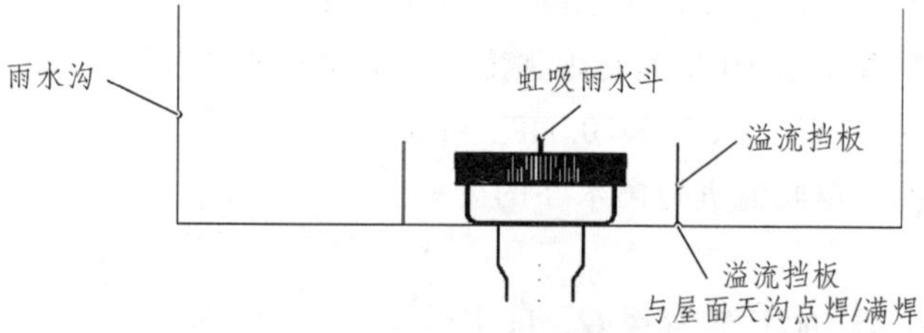

雨水沟
虹吸雨水斗
溢流挡板
溢流挡板
与屋面天沟点焊/满焊

图 2-9　溢流围挡做法

图 2-10　溢流围挡现场做法

（2）雨水斗局部抬高 100 mm，如图 2-11、2-12 所示。

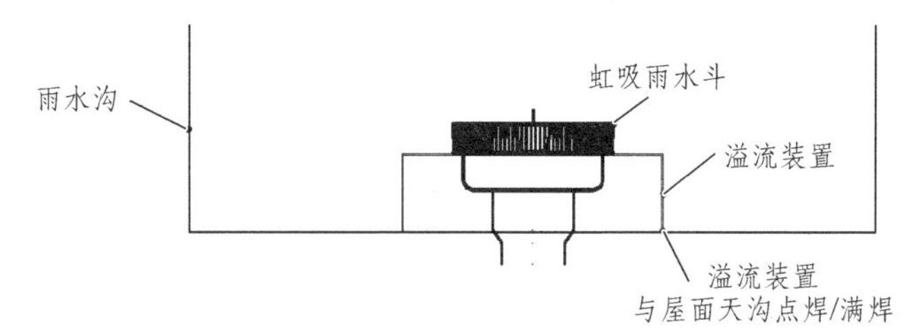

图 2-11　溢流抬高做法

图 2-12　溢流抬高现场做法

（3）使用吉博力溢流组件抬高雨水斗，如图 2-13 所示。

图 2-13　溢流组件做法

若不采用溢流系统，可用溢流口解决。

溢流口的计算：

$$A=25\times Q_{溢}$$

A——溢流口面积，cm^2；

$Q_{溢}$——溢流雨水量，L/s。

则上述例子的溢流口面积为：

$$A=25\times 40=1\ 000\ cm^2$$

可自行设置单个溢流口的尺寸，计算个数，如 $B\times H=$ 300 mm×150 mm（溢流口尺寸可根据天沟尺寸与女儿墙高度自行进行组合设计），每个溢流口为 450 cm^2，则需要 3 个此种溢流口可满足溢流要求。（溢流口仅为参考数量与尺寸，位置与做法需与设计确定）

溢流口做法如图 2-14、2-15 所示。

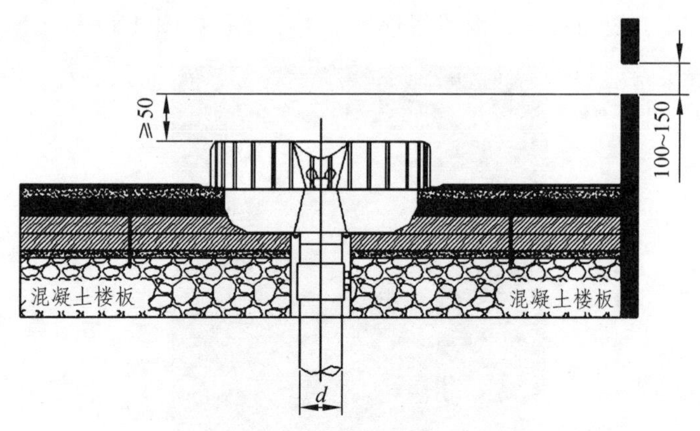

图 2-14　侧墙设溢流口

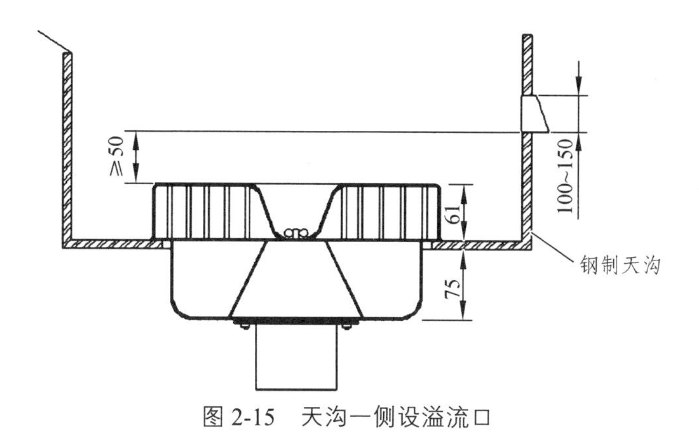

图 2-15　天沟一侧设溢流口

2.2.5　雨水斗布置

虹吸式雨水斗的数量=屋面总降雨量/单个斗排水能力

雨水斗间距不大于 20 m，如图 2-16 所示。

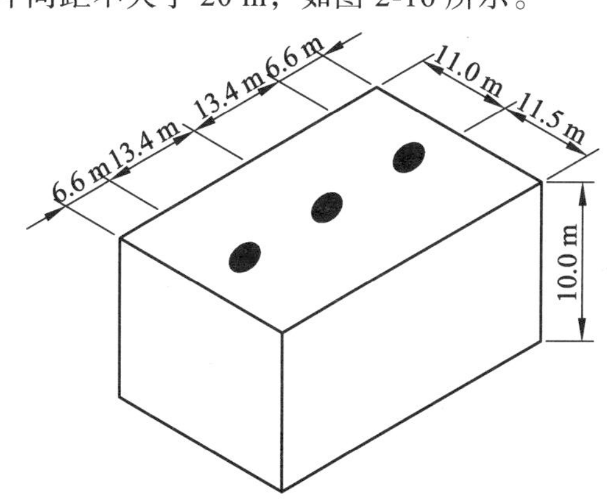

图 2-16　雨水斗布置示意图

可把上述数据代入计算表格进行填写计算，如图 2-17 所示。

可在设计过程中随时调整更新计算表格中数据，把数据填写完整。

GEBERIT

虹吸雨水系统计算表格

项目名称：
项目地址：
项目编号：
日　　期：
版　　次：☑ 供初步设计　☐ 供详细设计

设 计 师：
吉博力技术人员：

雨水斗类型：
外地面高度：±0.000 m
屋 面 类 型：
径 流 系 数：K= 1
t (min)　P　q L/ (s•ha)
安全系数：
虹吸暴雨强度　5　10　0
溢流暴雨强度　5　0

屋面分区		汇水面积			虹吸雨水系统									溢流雨水系统											
区域	屋面标高(雨水斗高度)	面积	1/2侧面积	总面积	暴雨强度	虹吸雨量	系统名称	立管数量	天沟长度	雨水斗间距	雨水斗数量	雨水斗规格	单斗流量	暴雨强度	溢流雨量	系统名称	雨水斗数量	溢流斗规格	单斗流量	溢流口总面积	溢流口数量	溢流口尺寸	溢流口服务溢流雨量	溢流口服务溢流雨量对应汇水面积	溢流口服务天沟长度
	m	m²	m²	m²	l/s·m²	l/s			m	m	个	l/s	l/s	l/s·m²	l/s		个	l/s	l/s	cm²	个	mm•mm	l/s	m²	m
S1		2500		2500	0.0483	120.75	HYL-1	1	40	13.3333	3	45	40.25	0.0643	40.00	HYYL-1	1	45	40	1000	2	300•150			
S2		2500		2500	0.0483	120.75	HYL-2	1	40	13.3333	3	45	40.25	0.0643	40.00	HYYL-1	1	45	40	1000	3	300•150			
				0		0.00							#DIV/0!		0.00				#DIV/0!	#DIV/0!					
				0		0.00							#DIV/0!		0.00				#DIV/0!	#DIV/0!					
				0		0.00							#DIV/0!		0.00				#DIV/0!	#DIV/0!					
				0		0.00							#DIV/0!		0.00				#DIV/0!	#DIV/0!					
				0		0.00							#DIV/0!		0.00				#DIV/0!	#DIV/0!					
				0		0.00							#DIV/0!		0.00				#DIV/0!	#DIV/0!					
				0		0.00							#DIV/0!		0.00				#DIV/0!	#DIV/0!					
						0.00							#DIV/0!		0.00				#DIV/0!	#DIV/0!					
合计				5000				2			6						2				6				

图 2-17　虹吸雨水计算表格

2.2.6 确认立管位置，连接平面管线路由

如图 2-18 所示。

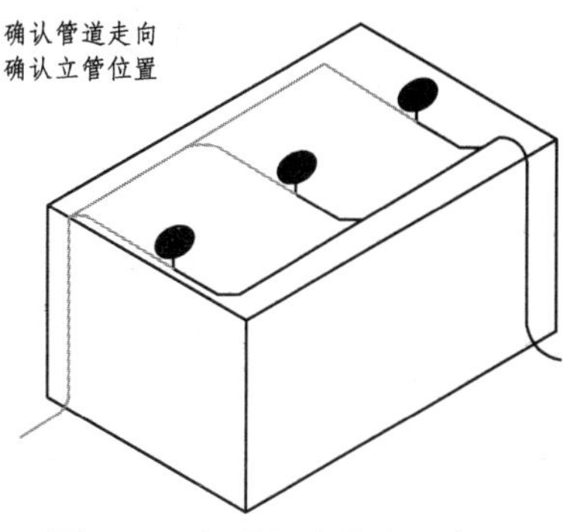

图 2-18 虹吸雨水路由示意图

2.2.7 软件设计步骤

系统图图例与节点处管件释义，如图 2-19 所示。

系统图主要为了识别系统管径，管路走向等平面图上未详的信息。

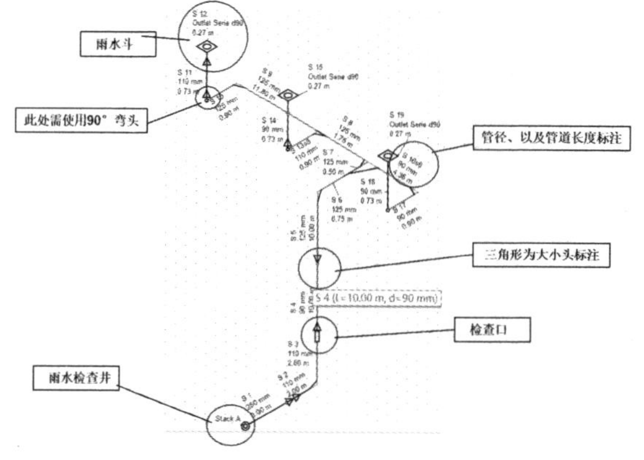

图 2-19 系统图例与各节点释义

（1）打开我公司软件 Geberit ProPlanner，如图 2-20、2-21 所示。

图 2-20　计算软件桌面图标

图 2-21　计算软件打开界面

（2）输入项目名称和系统编号，例系统编号 HYL-1、项目名称保定长城汽车虹吸项目，如图 2-22 所示；

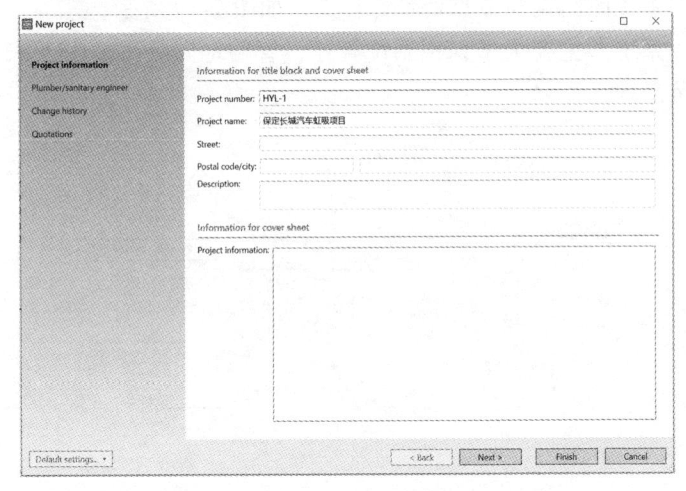

图 2-22　项目信息录入

（3）根据平面图画系统图并计算，平面图如 2-23、2-24 所示。

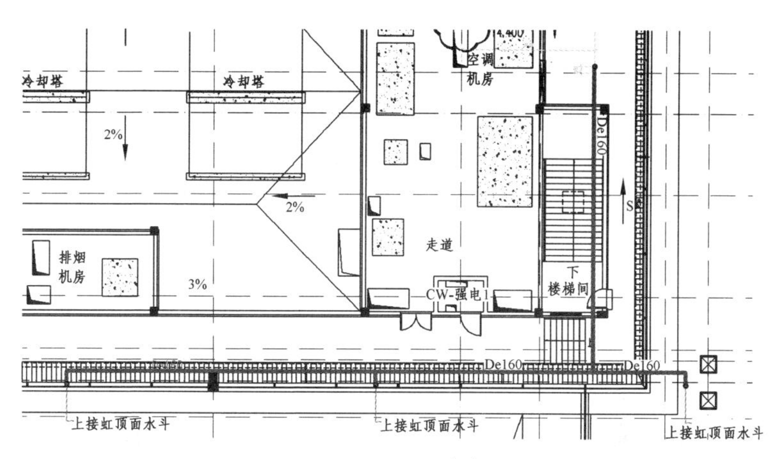

图 2-23　悬吊路由

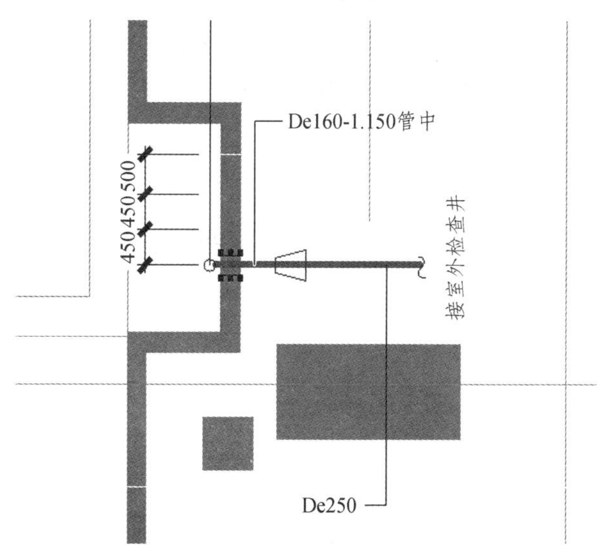

图 2-24　地下出户路由

① 填写系统编号，如图 2-25、2-26 所示。

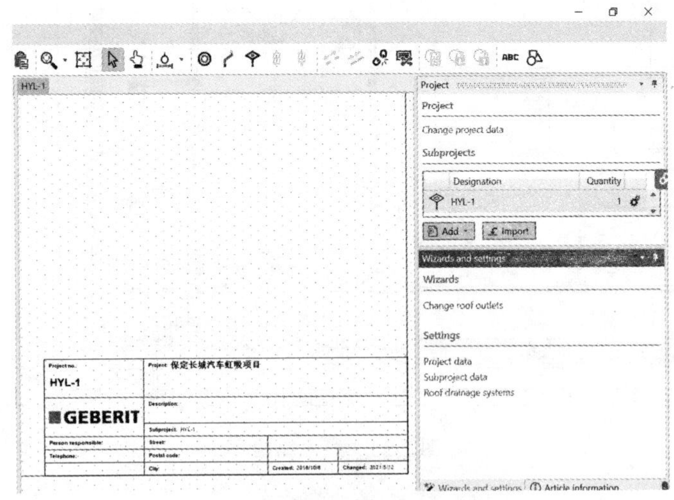

图 2-25　系统编号录入界面

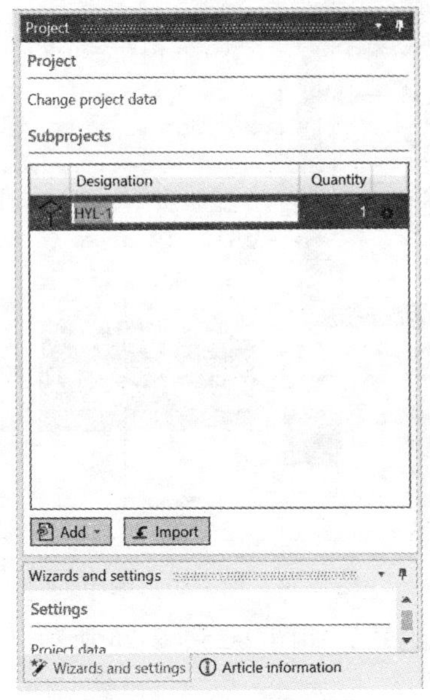

图 2-26　录入系统编号

② 点击雨水斗按钮，选择雨水斗，见图 2-27。

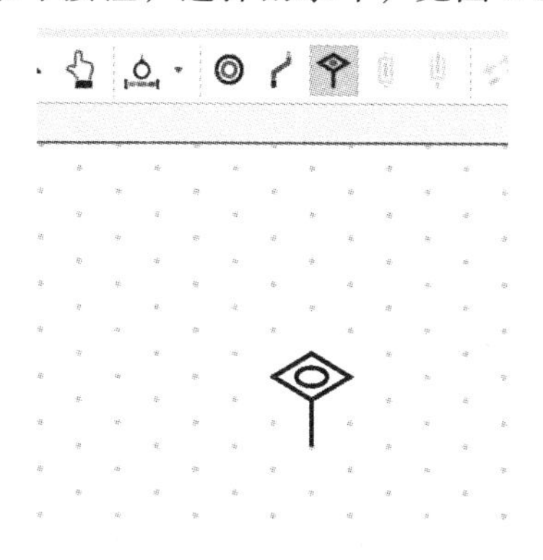

图 2-27　绘制雨水斗

③ 双击雨水斗图标，然后根据雨水斗流量和屋面防水选取合适的雨水斗型号并输入流量，例如雨水斗型号 Outlet25L/S、雨水斗流量 23 L/s，钢天沟焊接型雨水斗，如图 2-28、2-29 所示。（注意选择国产编号的雨水斗）

图 2-28　雨水斗选型

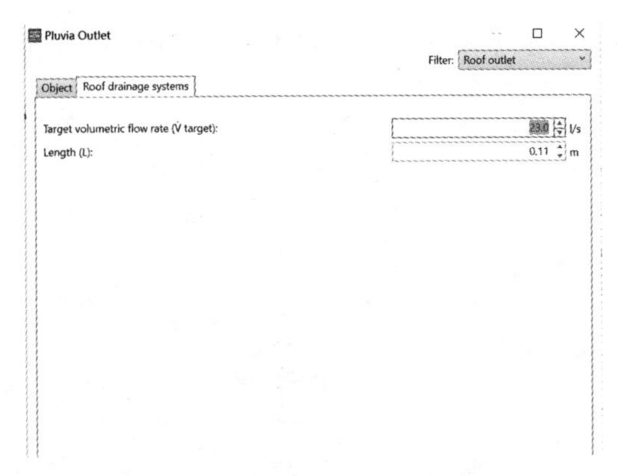

图 2-29　雨水斗流量、尾管长度录入

Flat Roof——TPO 及柔性防水屋面用雨水斗；

Flat Roof Bitument——沥青防水及混凝土屋面用雨水斗；

Gutter——钢制天沟用雨水斗。

④ 双击管线图标，按平面图走向在软件中画出路由，如图 2-30 所示。

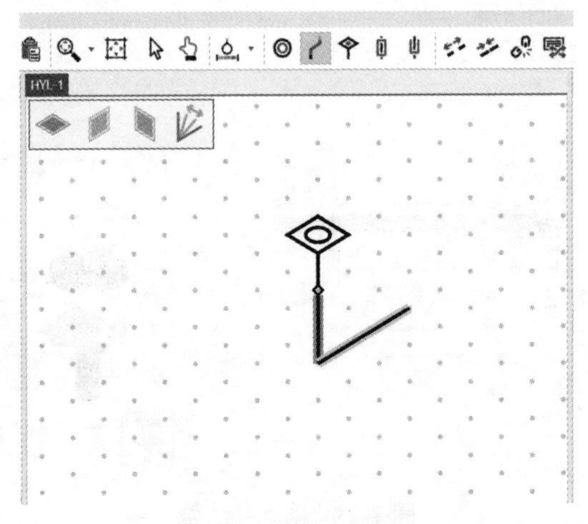

图 2-30　绘制管线

⑤ 在水平悬吊管道汇集处，设置 Y 三通，双击管线，在汇集主管上点击接入点，如图 2-31 所示。

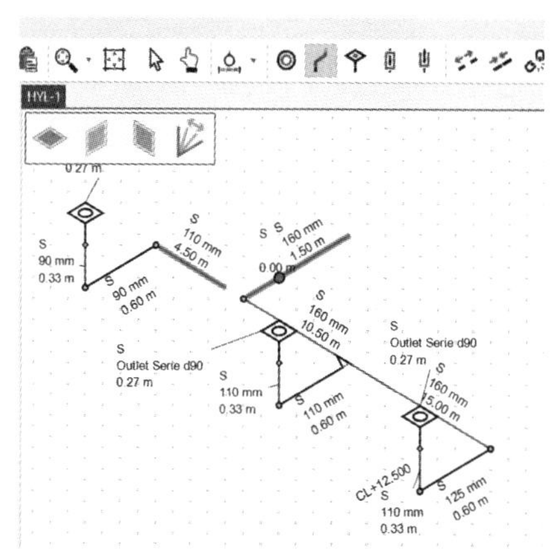

图 2-31　绘制三通

选择左上角粉色平面找角的图标，把汇集主管和支管连接，如图 2-32 所示。

（注意，此处应选择距离近或流量小的路由作为支管）

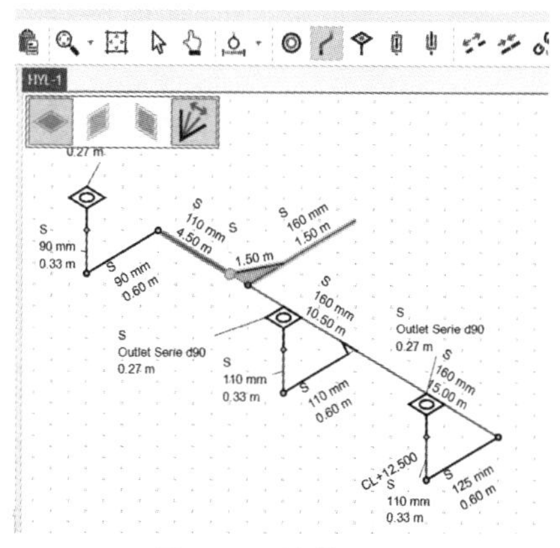

图 2-32　连接三通

⑥ 在系统立管上添加检查口，在系统出户末端添加雨水井，如图 2-33、2-34 所示。

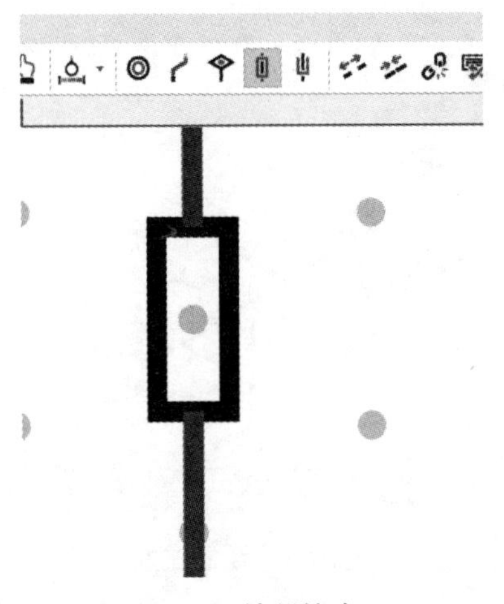

图 2-33　绘制检查口

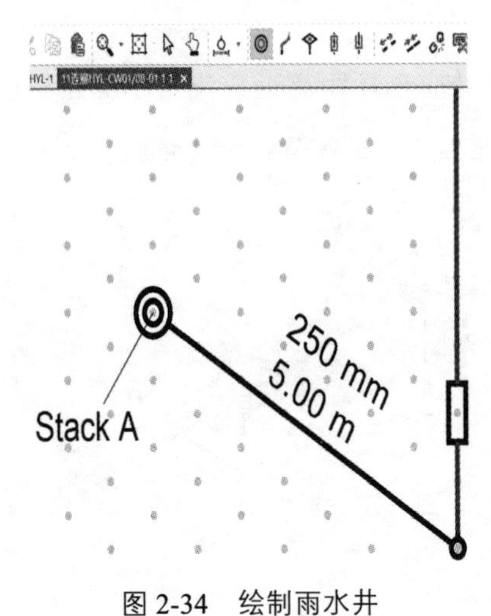

图 2-34　绘制雨水井

⑦ 双击管道管线，在弹出的窗口里修改管道长度，如图 2-35 所示。

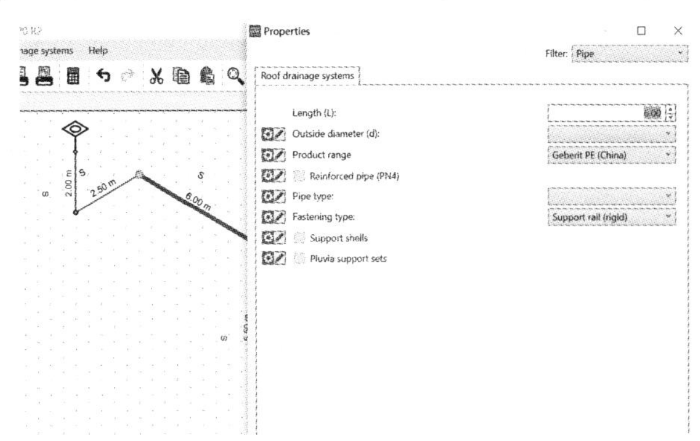

图 2-35　录入管道数据

⑧ 系统绘制完成，如图 2-36 所示。

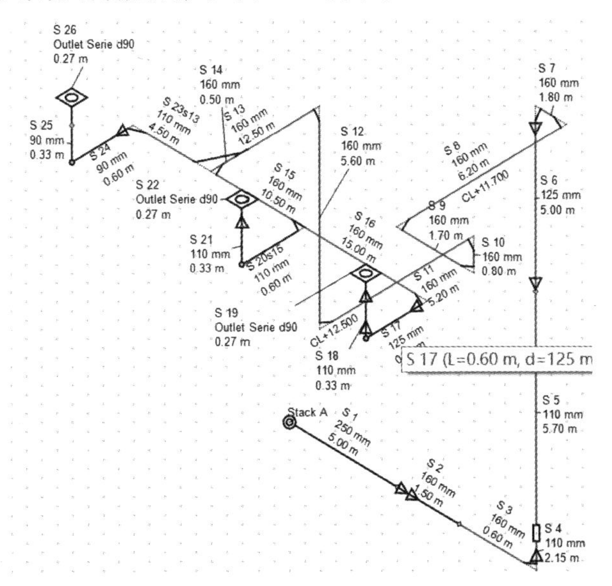

图 2-36　系统绘制完成

⑨ 完成以上步骤后，按 F5 键进行系统计算，在水力计算窗口调整管道管径，使满足参数（负压<-700 mbar，末端流速小于 1.8 m/s，充满度为 80%～90%之间），即计算完毕，如图 2-37 所示。

Hydraulic list

Stack A

Type	S	d [mm]	L [m]	H [m]	V̇ target [l/s]	V̇ [l/s]	p in [mbar]	p out [mbar]	v [m/s]	Ψ [%]	Zeta	L·R+Z [mbar]
C	1	**315**	5.00		74.1	74.1	2	0	1.3	86	1.0	8
↓ St	2	**125**	2.15	2.15	74.1	74.1	-93	-273	8.1	86	1.0	362
↓ St	3	**125**	5.70	5.70	74.1	74.1	-392	-93	8.1	86	0.0	183
↓ St	4	**125**	5.60	5.60	74.1	74.1	-687	-392	8.1	86	0.0	180
C	5	**160**	12.50		74.1	74.1	-328	-514	5.0	86	0.6	187
C	6	**160**	0.50		49.4	49.4	-251	-267	3.3	87	0.3	16
C	7	**160**	10.50		49.4	49.4	-186	-251	3.3	87	0.3	65
C	8	**160**	15.00		24.7	24.7	-129	-150	1.6	88	0.1	21
C	9	**110**	0.60		24.7	24.7	-134	-171	3.5	88	0.6	37
O	10	**110**	0.33	0.33	24.7	24.7	-143	-134	3.5	88	0.3	19
RO	11	90	0.27	0.27	24.7	24.7		-209	5.2	88	0.9	113
C	12s7	**110**	0.60		24.7	24.7	-139	-192	3.6	86	0.9	53
O	13	**110**	0.33	0.33	24.7	24.7	-148	-139	3.6	86	0.3	19
RO	14	90	0.27	0.27	24.7	24.7		-215	5.3	86	0.9	116
C	15s5	**110**	4.50		24.7	24.7	-219	-273	3.6	85	0.3	54
C	16	**90**	0.60		24.7	24.7	-220	-286	5.4	85	0.4	67
O	17	**90**	0.33	0.33	24.7	24.7	-203	-220	5.4	85	0.3	44
RO	18	90	0.27	0.27	24.7	24.7		-203	5.4	85	0.8	104

图 2-37　水力计算示意

管道调节规律：末端-立管-悬吊管-支管的管道从上至下以大—小—大—小的规律变化。

（4）导出材料单。

① 点击导出按钮，进入导出文件窗口，如图 2-38、2-39 所示。

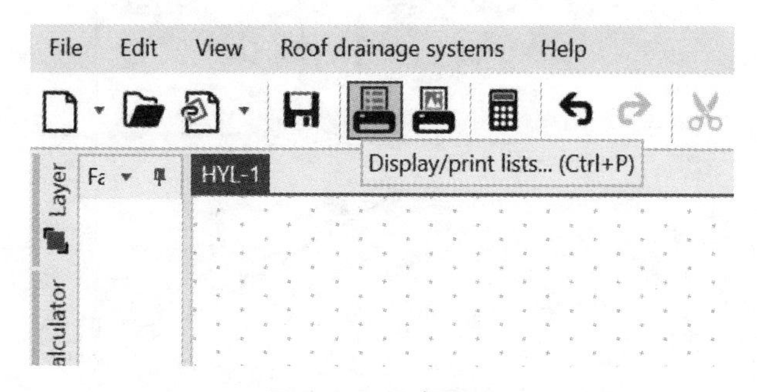

图 2-38　导出界面

② 点击“Lists”列表按钮，如图 2-39 所示。

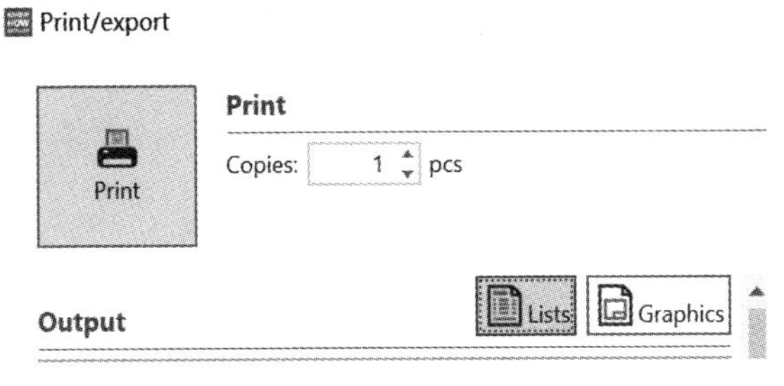

图 2-39　导出列表界面

③ 在第一栏选择 EXCEL 表格，在第二栏选择所有系统，如图 2-40、2-41 所示。

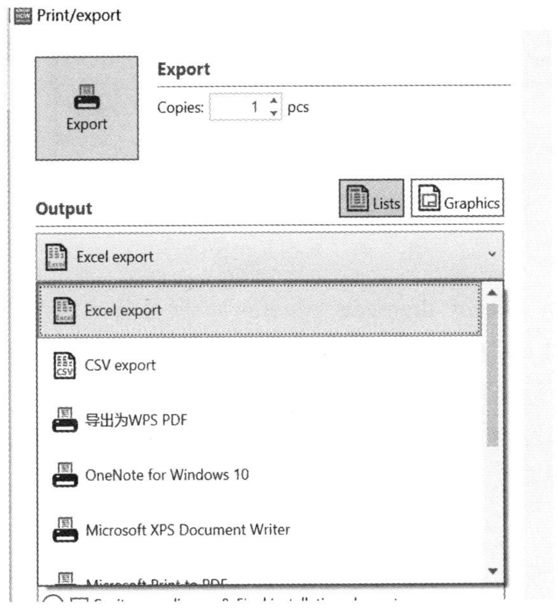

图 2-40　导出文件格式选择

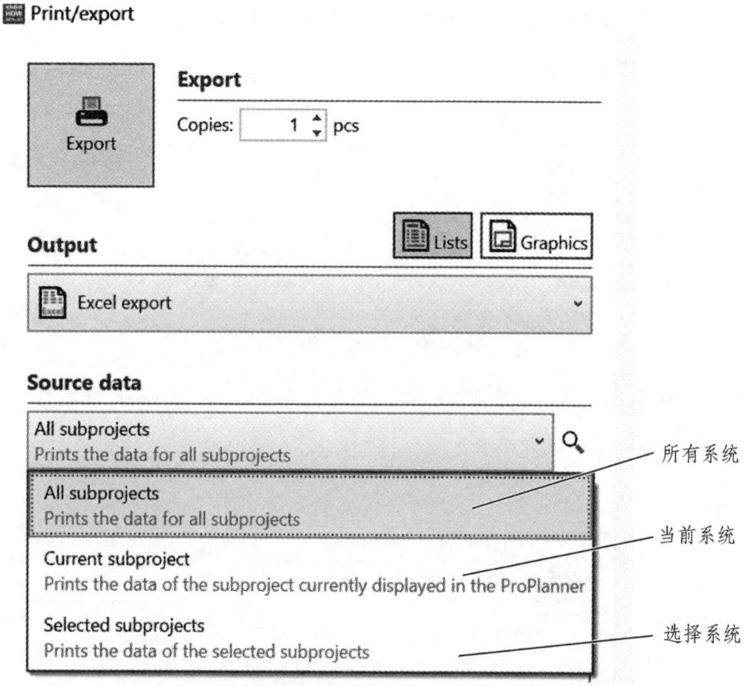

图 2-41　导出系统范围选择

④ 在“Roof dranigae systems”（屋面排水系统）里选择“Material list”（材料单）和“Hydraulic list”（水力计算书），如图 2-42 所示。

⑤ 上述步骤完成后，点击“Export”导出图标，选择位置，点击“保存”，如图 2-43、2-44 所示。

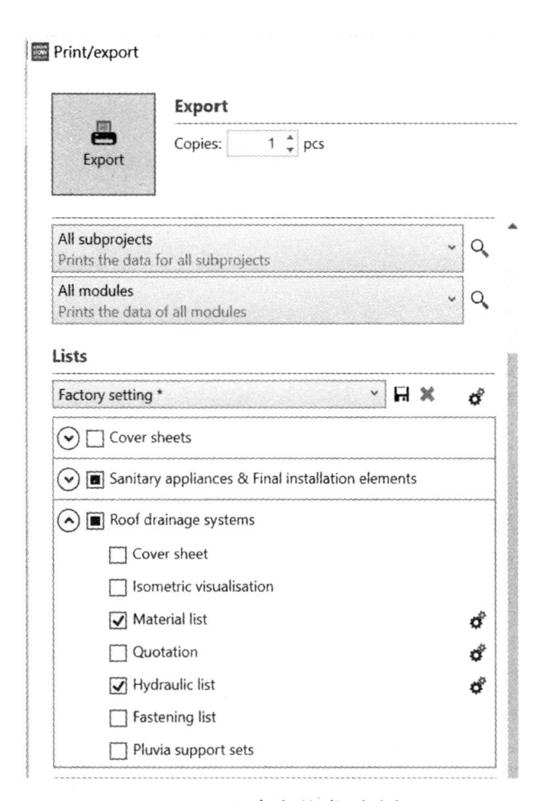

图 2-42　导出文件类型选择

图 2-43　导出图标

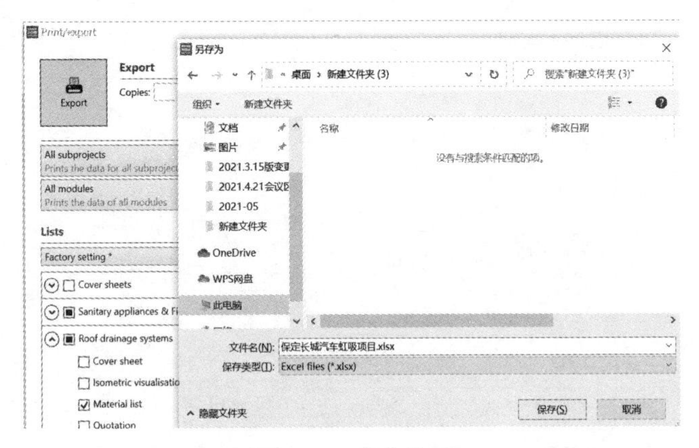

图 2-44　保存位置

中文版水力计算书如图 2-45 所示。

项目	Project name:	保定长城汽车虹吸项目(1)									GEBERIT
系统	Project number.	HYL-1									

种类	管段编号	管径 [mm]	长度 [m]	高差 [m]	雨水斗流量 [l/s]	管道流量 [l/s]	流速 [m/s]	阻力系数	沿程阻力 [mbar]	管道压力 [mbar]	充满度 [%]
	1	315	5.00	-	74.1	74.1	1.3	1.0	8	0	86
	2	125	2.15	2.15	74.1	74.1	8.1	1.0	362	-273	86
	3	125	5.70	5.70	74.1	74.1	8.1	0.0	183	-93	86
	4	125	5.60	5.60	74.1	74.1	8.1	0.0	180	-392	86
	5	160	12.50	-	74.1	74.1	5.0	0.6	187	-514	86
	6	160	0.50	-	49.4	49.4	3.3	0.3	16	-267	87
	7	160	10.50	-	49.4	49.4	3.3	0.3	65	-251	87
	8	160	15.00	-	24.7	24.7	1.6	0.1	21	-150	88
	9	110	0.60	-	24.7	24.7	3.5	0.6	37	-171	88
	10	110	0.33	0.33	24.7	24.7	3.5	0.3	19	-134	88
	11	90	0.27	0.27	24.7	24.7	5.2	0.9	113	-209	88
	12s7	110	0.60	-	24.7	24.7	3.6	0.9	53	-192	86
	13	110	0.33	0.33	24.7	24.7	3.6	0.3	19	-139	86
	14	90	0.27	0.27	24.7	24.7	5.3	0.9	116	-215	86
	15s5	110	4.50	-	24.7	24.7	3.6	0.3	54	-273	85
	16	90	0.60	-	24.7	24.7	5.4	0.4	67	-286	85
	17	90	0.33	0.33	24.7	24.7	5.4	0.3	44	-220	85
	18	90	0.27	0.27	24.7	24.7	5.4	0.8	104	-203	85

	单位	限定值	当前值	管段编号
最大负压 DN 50 - 160	mbar	-800	-514	5
最大负压 DN 200 - 315 (不加厚	mbar	-450	-	-
最大负压 DN 200 - 315 (加厚)	mbar	-800	-	-
最小流速	m/s	0.7	1.3	1
最小充满度	%	40	85	18
最大充满度	%	90	100	11

注：1 bar=0.1 MPa

图 2-45　中文版水力计算书

中文版材料单如图 2-46 所示。

	经销商 Distributor:	北京盛德诚信商贸有限公司		日期	2021/8/3
	项目 Project:	保定长城汽车虹吸项目		编号	
				版本	

No.	Article No.	Pcs/M	Pcs/M	Description	Dia (mm)	
序号	产品编号	原始数据	技术部优化	产品名称	直径	备注
Roof drainage outlet 雨水斗						
1	359.100.00.1	6	6	屋面雨水斗（不锈钢，25L）	90.00	
Roof drainage pipes 屋面排放管道						
2	353.006.16.2	1.9	5	HDPE 管道，5米长	90.00	
3	353.007.16.2	12.7	15	HDPE 管道，5米长	110.00	
4	353.008.16.2	26.9	30	HDPE 管道，5米长	125.00	
5	353.009.16.2	77.0	80	HDPE 管道，5米长	160.00	
6	353.018.16.2	10.0	10	HDPE 管道，5米长	315.00	
Roof drainage fittings 屋面排放管件						
7	353.036.16.1	8	9	135 deg(45 deg)弯头	110.00	
8	353.040.16.1	4	5	135 deg(45 deg)带对焊长转角弯头	315	其中有xx个弯头用于预埋部分
9	353.046.16.1	2	2	偏心30 deg异径长束节	315/200	
10	366.055.16.1	2	2	90 deg加长弯头	90.00	
11	366.771.16.1	8	6	电焊管箍连接件	90.00	
12	367.055.16.1	4	4	90 deg加长弯头	110.00	
13	367.581.16.1	6	6	偏心异径短束节	110/90	
14	367.771.16.1	6	1	电焊管箍连接件	110.00	
15	368.451.16.1	2	2	带螺纹连接盖的90 deg管道检查口	125.00	
16	368.771.16.1	2	1	电焊管箍连接件	125.00	
17	369.045.16.1	12	14	135 deg(45 deg)弯头	160.00	
18	369.135.16.1	4	4	Y型135 deg(45 deg)三通	160/110/160	
19	369.586.16.1	2	2	偏心异径短束节	160/110	
20	369.588.16.1	2	2	偏心异径短束节	160/125	
21	369.771.16.1	6	1	电焊管箍连接件	160.00	
22	370.587.16.5	2	2	偏心30 deg异径长束节	200/125	
23	370.775.16.1	2	0	电焊管箍连接件	200.00	
24	372.775.16.1	4	0	电焊管箍连接件	315.00	
Pluvia Fastening material 紧固件						
25	353.058.00.1	20	20	可调试管卡	125.00	
26	353.068.00.1	12	12	镀锌管卡∮110MM作导向/锚固管卡	110.00	
27	353.070.00.1	68	68	镀锌管卡作导向或锚固管卡∮160MM	160.00	
28	353.072.26.1	86.0	90	方形钢导管，5000毫米长		
29	353.073.26.1	180	180	连接管卡与方形钢导管的角钢		此项已加入方钢连接件数量
30	353.095.00.1	58	58	紧固系统螺纹杆	M10	此项已加入方钢连接件数量
31	353.304.00.1	58	58	安装片	M10	此项已加入方钢连接件数量
32	353.305.00.1	20	20	安装片	G1/2"	
33	362.860.00.1	14	14	方形钢导管连接件		
34	362.861.00.1	44	44	方形钢导管骑形卡		此项已加入方钢连接件数量
35	367.776.16.1	4	4	与锚固管卡连接的电焊圈	110	由销售部决定是否采用胶皮垫代替
36	368.776.16.1	8	8	与锚固管卡连接的电焊圈	125.00	由销售部决定是否采用胶皮垫代替
37	369.776.16.1	24	24	与锚固管卡连接的电焊圈	160.00	由销售部决定是否采用胶皮垫代替
38	W001.014.00.1		250	40*4*6000mm/根，镀锌角铁	40#A	仅为技术部估算(单位根)
39	W006.005.90.1			阻火圈(蓝色）	De90	
40	W374.006.00.1			异形阻火圈(蓝色）	De110	
41	W368.006.02.1			阻火圈(蓝色）	De125	
42	W369.006.02.1			阻火圈(蓝色）	De160	
43	W006.014.90.1			阻火圈(蓝色）	De315	
44	W017.004.90.1			套管	De90	
45	W017.005.90.1			套管	De110	
46	W017.006.90.1			套管	De125	
47	W017.007.90.1			套管	De160	
48	W017.010.90.1			套管	De315	

图 2-46　中文版材料单

（5）导出系统图。

① 用 Graphics 图形按钮倒 Cad 图纸，如图 2-47 所示。

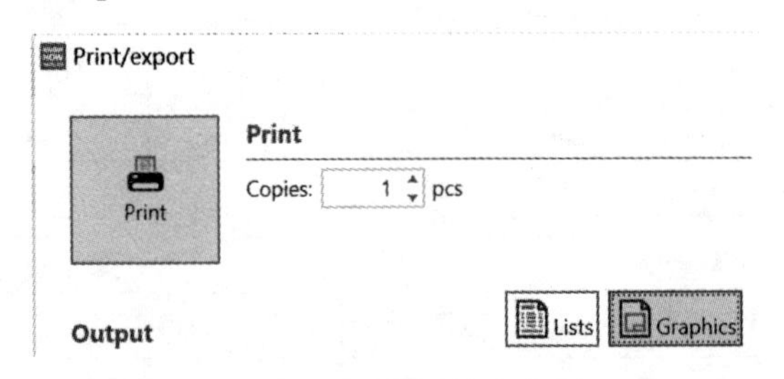

图 2-47　系统图导出界面

② 在第一栏选择 CAD 格式图纸，在第二栏选择所有系统，如图 2-48、2-49 所示。

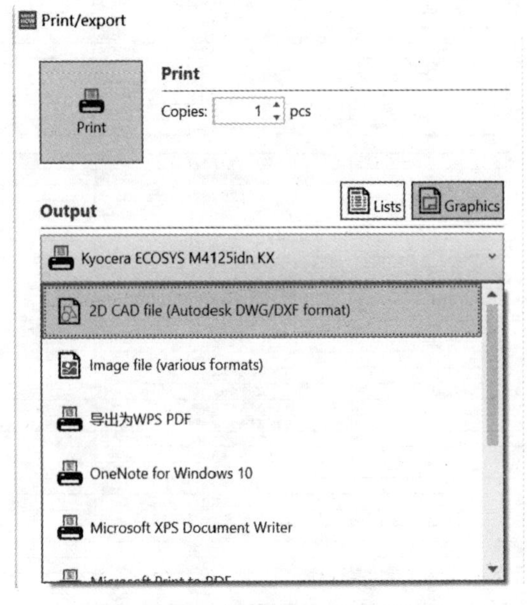

图 2-48　系统图导出文件格式选择

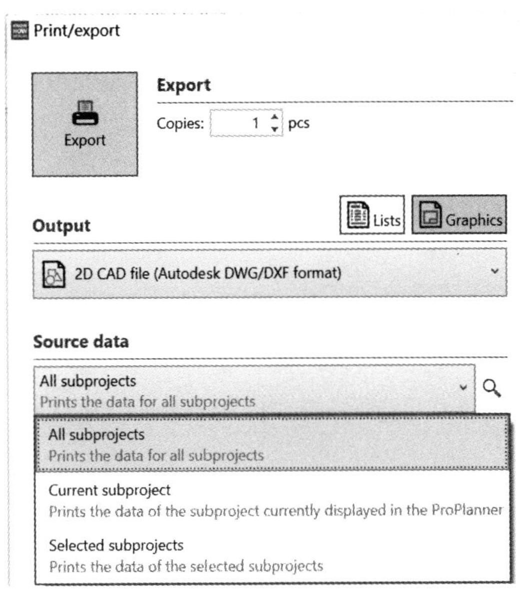

图 2-49　导出系统图范围选择

③ 点击 Export 导出图标，导出图纸，如图 2-50 所示。

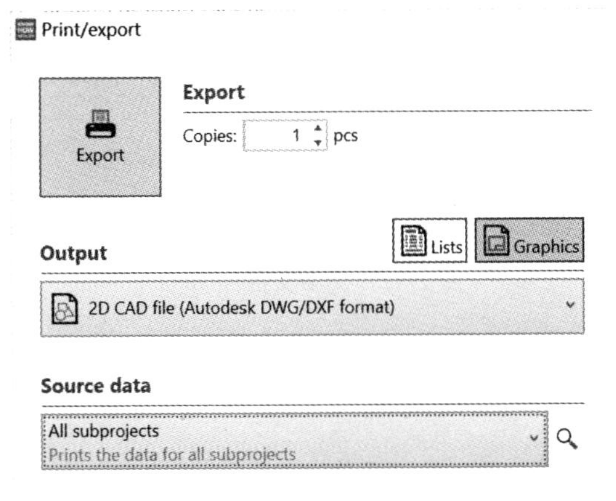

图 2-50　导出图标

（6）整理最终系统图纸和材料单，保存完整以备后期配合。

① 材料单中需附清单说明，说明提料原则和情况，如图 2-51 所示。

材料清单填写说明（红色文本请依据项目实际情况填写）

1 材料量说明

1.1 范围

虹吸雨水设计范围：包含1部分，共1个建筑单体、汇水面积总共为16485㎡；

溢流方式： ☐溢流系统 ☐溢流口

屋面防水类型 ☐TPO型 ☐不锈钢天沟无防水 ☐SBS卷材防水

雨水斗类型： ☐法兰雨水斗 ☐不锈钢雨水斗 ☐安装片型雨水

含8个虹吸系统，共30个虹吸雨水斗，其中60升30个；

含4个溢流系统；共4个溢流雨水斗，其中60升4个；

地下出户范围：埋地-1m,出户至墙外5m；

地下出户管形式： ☐悬吊 ☐埋地

有无标高超35m系统 ☐无 ☐有

含阻火圈；

含套管；

含40#A型角钢；

含胶皮垫；

含电焊圈；

含双法兰衬管；

含锚固管卡；

第 1 页

1.3 其他注意事项

雨水斗选型为不锈钢焊接型雨水斗（适用于无防水钢天沟）、法兰型雨水斗（适用于TPO防水）、安装片型雨水斗（适用于沥青屋面，SBS卷材防水）；

检查口为圆形HDPE检查口（适用于系统高度35米以下），铸圆形铸铁检查口（适用于系统高度35米及以上），

若销售部决定电焊圈数量转换为胶皮垫，则可删除锚固管卡、双法兰衬管，电焊圈数量（锚固管卡中包含导向管卡数量需增加到对应导向管卡里），

出户标高与范围若有不同，依据实际情况修改，

如果上述溢流方式选择溢流系统，而本次报价料单中不包含，需要做特殊说明。

2 材料量依据

2019年9月17日甲方提供的设计图

备注：此料单的平面方案是设计还没有确定的方案。

图 2-51 清单说明

② 材料单使用下列插件进行整理，如图 2-52、2-53 所示，详细教程请看《软件展示及使用说明》。

中文料单整理及优化模板（2020版更新不锈钢）.xlsm

图 2-52 转中文插件图标

图 2-53　转中文插件界面

③ 系统图可使用（[逆理设计]-系统导入-XTDR Ver 2.2，见图 2-54）进行整理，详细使用说明请看《系统导入插件使用指南》，使用及效果如图 2-55 所示：

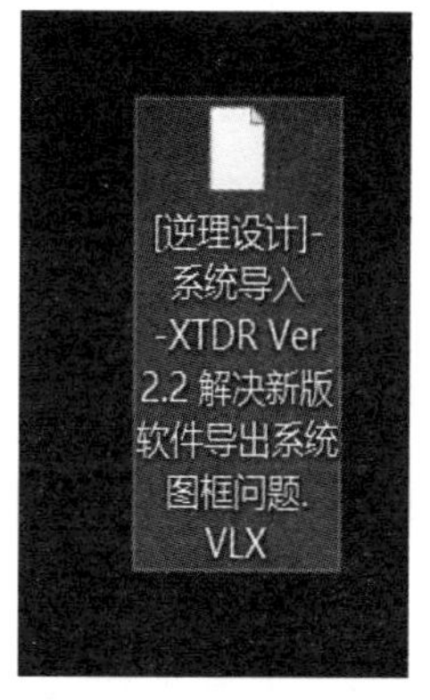

图 2-54　系统导入图标

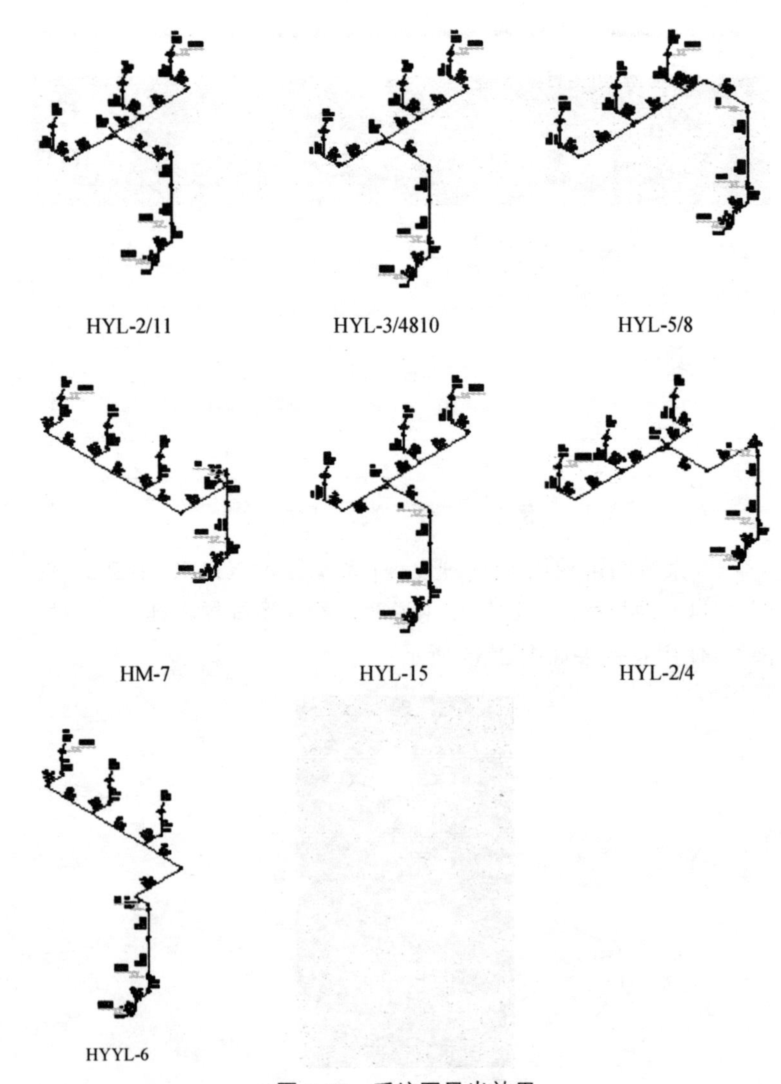

图 2-55　系统图导出效果

2.3 绘图标准

2.3.1 设计说明

参见《虹吸雨水大样图集》。

2.3.2 绘图样式

标准一：虹吸出图标准统一化，管线，图层均按照天正软件的标准执行，出图深度细致到位。

（1）图层：图层划分明确，雨水斗，管线，文字分别设置，如图 2-56、2-57 所示。

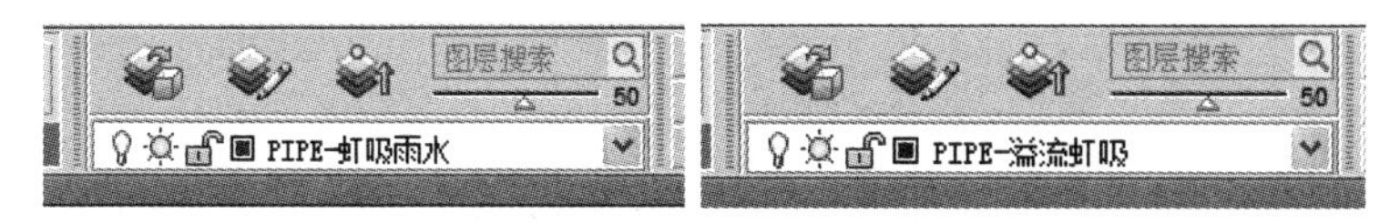

图 2-56　管线图层设置

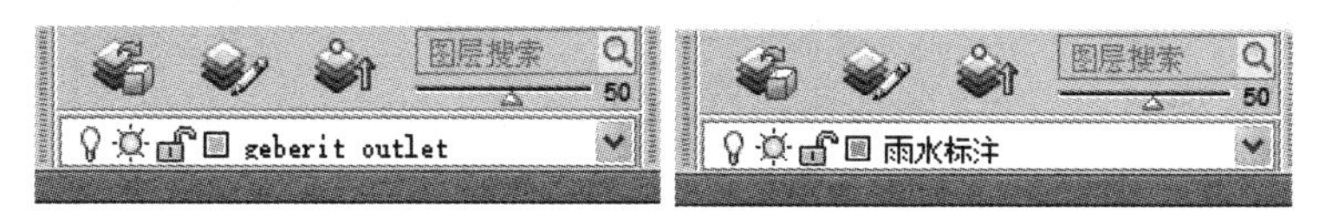

图 2-57　雨水斗与标注图层设置

（2）雨水斗：固定样式图块，含虹吸雨水斗及溢流雨水斗，如图 2-58 所示。

（3）横管管线：采用天正绘图，线宽设置为 0.6 mm，颜色区分及管段交叉处理及管线的定位，管线的管径每段标注，如图 2-59 所示。

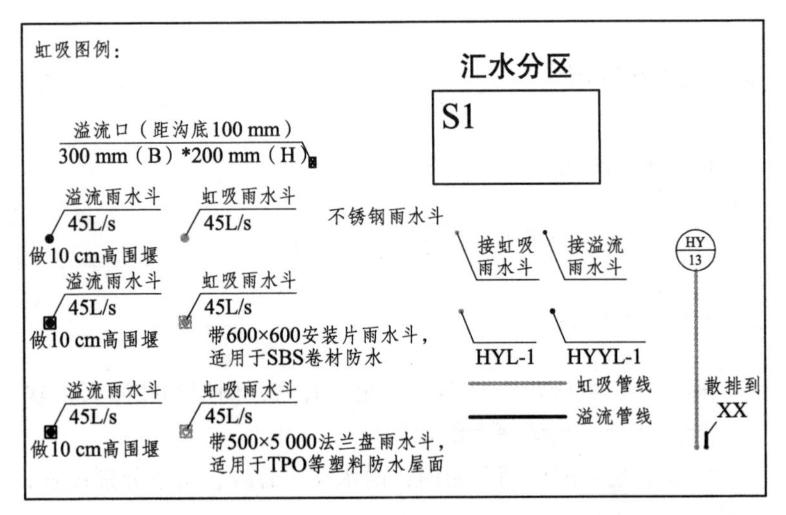

图 2-58　绘图图例

图 2-59　管线示意

（4）立管的设置原则，标注及定位要准确，如图 2-60 所示。

（5）出户管：出户管的管径标注，编号及标高要明确，如图 2-61、2-62 所示。

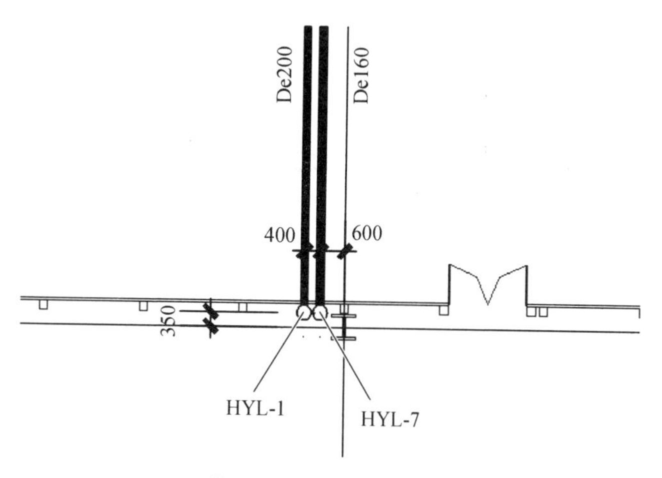

图 2-60　立管绘制示意

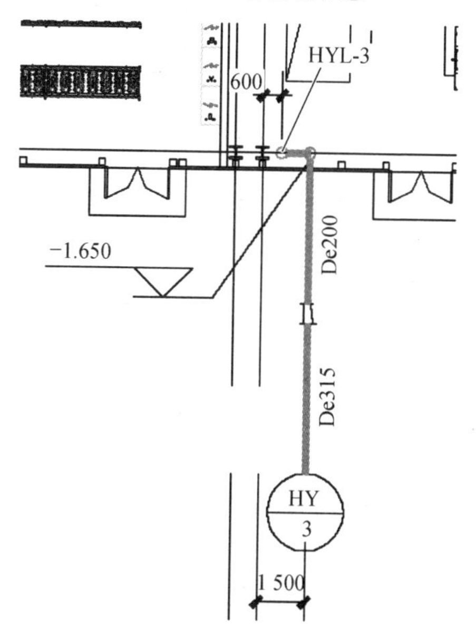

图 2-61　虹吸出户管线示意

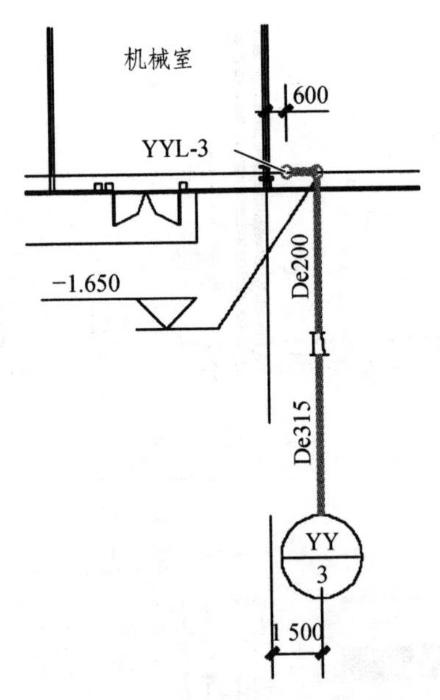

图 2-62　溢流出户管线示意

（6）系统图：对系统图的标高要单独标出明确，包括雨水斗标高，悬吊管标高，检查口标高，出户标高，如图 2-63 所示。

（7）节点大样图，出图时统一附上，含管道安装及各种雨水斗安装做法。(《屋面 HDPE 虹吸雨水系统施工标准化图集》中选择）

虹吸雨水斗安装节点；

溢流雨水斗安装节点；

雨水斗下支管和水平悬吊管固定安装大样图（管径小于 250 mm 时）；

水平悬吊管固定安装大样图（管径大于 250 mm 时）；

两根管道接入一根管道安装节点大样图；

雨水斗下短管接入水平悬吊管安装大样图；

固定系统示意图；

常规雨水悬吊管及立管系统安装节点；

非常规悬吊管固定节点；

非常规立管固定节点；

防晃支架做法节点；

虹吸雨水管接入雨水井的大样图；

溢流雨水管接入雨水井的大样图。

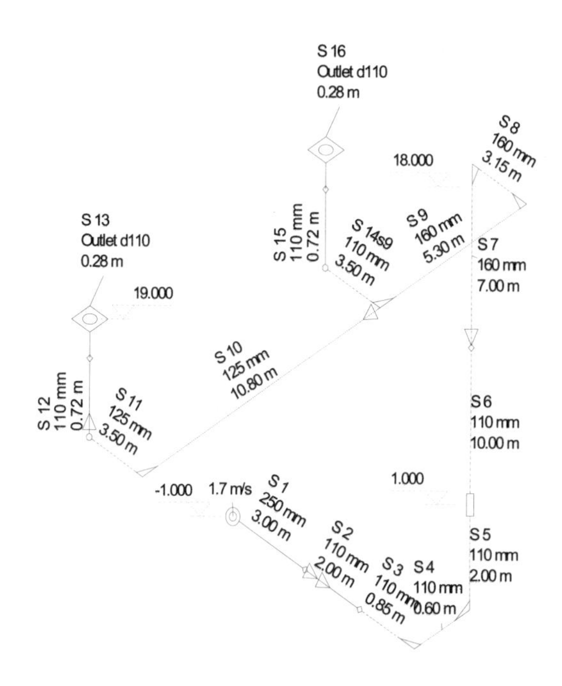

图 2-63　虹吸出户管线示意

2.4 HDPE 虹吸雨水系统提料标准

（1）管道长度改成 5 的倍数，De200 及以上的管道负压超过 450 的地方用 PN4 的，其余全部用 PN3.2 的。

（2）45°弯头增加 10%损耗。

（3）De50-160 的电焊管箍乘以 0.1 的系数，但不得少于雨水斗尾管数量，De200 及以上的电焊管箍全部取消。

（4）立管长度 35m 以上的，检查口改为椭圆形铸铁检查口（管径 110 及以上）。

（5）C 型钢、方钢改成 5 的倍数。

（6）M10 螺纹杆数量保留（软件导出来的丝杆是依据雨水斗悬吊长度（一般 1 m）及对应悬吊点数量，M10 螺杆数量=M10 安装片数量=骑形卡数量+方钢连接件数量+C 钢连接件数量）。

（7）骑形卡数量，原基础上增加方钢连接件数量。

（8）电焊圈，双法兰衬管、锚固管卡进行标注，由销售部决定是否采用胶皮垫代替，另 De250 及 De315 的锚固管卡标注中添加如果转换成胶皮垫替代，需增加相应导向管卡数量，具体对应数量见表 2-2。

表 2-2 相应管卡数量

锚固管卡数量=对应的滑动管卡数量+对应电焊圈数量			
	锚固管卡数量	滑动管卡数量	电焊圈数量
De250	1	1	1
De315	1	2	4

（9）De200 及以上大管径弯头区分悬吊与埋地数量，标注

悬吊部分数量。

（10）每层立管穿楼板处需增加阻火圈设置，编号及面价为运营提供，详见表2-3。

表2-3　阻火圈编号及面价

规格型号	商品编号	商品名称	单位	销售面价（不含税）	含税（13%）
De50	W006.001.90.1	阻火圈（蓝色）	个	13.47	15.22
De56	W372.006.00.1	异形阻火圈（蓝色）	个	17.03	19.24
De63	W373.006.00.1	异形阻火圈（蓝色）	个	17.03	19.24
De75	W365.006.00.1	阻火圈（蓝色）	个	17.03	19.24
De90	W006.005.90.1	阻火圈（蓝色）	个	23.37	26.41
De100	W374.006.00.1	异形阻火圈（蓝色）	个	23.77	26.86
De110	W353.400.00.1	阻火圈（蓝色）	个	47.53	53.71
De125	W368.006.02.1	阻火圈（蓝色）	个	75.26	85.05
De160	W369.006.00.1	阻火圈（蓝色）	个	91.11	102.95
De200	W370.006.00.1	阻火圈（蓝色）	个	178.25	201.43
De250	W371.006.00.1	阻火圈（蓝色）	个	336.70	380.47
De315	W006.014.90.1	阻火圈（蓝色）	个	923.75	1043.83

（11）支吊架材料量增加（按支吊架计算表进行填写，见表2-4）

（12）穿楼板处需提套管，套管数量与阻火圈一致，编号及面价为运营提供，详见表2-5。

表 2-4　虹吸支架计算表（参考使用）

序号	结构类型	适用类型	支架类型	速算比例	管材	精算方法	依据	备注
1	混凝土	商业综合体、交通枢纽	防晃支架	总报价 *0.5%～1.5%	HDPE	水平管米数/间距=套数 套数*每套支架米数=总米数（间距为 10 m）	我公司安装手册	如做门架可取消防晃支架
2	钢结构	机场、体育场馆、火车站/厂房	门架	5%～15%	不锈钢/HDPE	1. 管道米数/间距=套数 2. 套数*每套支架米数=总米数（参考间距不锈钢管道为 3 m，HDPE 为 2.5 m，详细数据参考规范）	虹吸雨水技术规程 CECS183：2015	因每个项目会使用几种支架样式，所以估算按最复杂、成本最高的估算
			T 架					
			三角架					
			L 架					

续表

序号	结构类型	适用类型	支架类型	速算比例	管材	精算方法	依据	备注
3	钢结构	机场、体育场馆、火车站/厂房	槽钢	20%～30%	不锈钢/HDPE	按图计算	根据甲方、设计审批通过的方案	估算值包含支架
			H 型钢	50%～80%				前期固定方式不确定情况下，暂不进行估算

注：仅供参考使用，终版报价必须详细核算。

表 2-5　套管编号及面价

产品编号	系统名称	规格	长度	单位	材质	厚度	销售面价（不含税）	含税（13%）
W017.000.90.1	套管	DE50	300 mm	个	碳钢	国标	25.75	29.09
W017.001.90.1	套管	DE56	300 mm	个	碳钢	国标	29.71	33.57
W017.002.90.1	套管	DE63	300 mm	个	碳钢	国标	31.69	35.81
W017.003.90.1	套管	DE75	300 mm	个	碳钢	国标	39.61	44.76
W017.004.90.1	套管	DE90	300 mm	个	碳钢	国标	45.55	51.48
W017.005.90.1	套管	DE115	300 mm	个	碳钢	国标	55.46	62.67
W017.006.90.1	套管	DE125	300 mm	个	碳钢	国标	67.34	76.09
W017.007.90.1	套管	DE160	300 mm	个	碳钢	国标	75.26	85.05
W017.008.90.1	套管	DE200	300 mm	个	碳钢	国标	91.11	102.95
W017.009.90.1	套管	DE250	300 mm	个	碳钢	国标	110.91	125.33
W017.010.90.1	套管	DE315	300 mm	个	碳钢	国标	138.64	156.66
W017.011.90.1	套管	DE350	300 mm	个	碳钢	国标	150.52	170.09
W017.012.90.1	套管	DE400	300 mm	个	碳钢	国标	182.21	205.90

注：规格为管道管径，对应套管为正好套此管径的套管。

2.5 不锈钢虹吸雨水提料标准

（1）不锈钢雨水斗（不锈钢尾管）编号（见表 2-6）。

表 2-6 不锈钢雨水斗编号

编号	产品名称
353.350.00.1	虹吸雨水斗，25 L/s，不锈钢尾管
353.351.00.1	虹吸雨水斗，45 L/s，不锈钢尾管
353.352.00.1	虹吸雨水斗，60 L/s，不锈钢尾管

① 注意上述雨水斗为不锈钢天沟的带不锈钢尾管的，200 个以上我公司才给订货，货期四个月，不足二百个需要自己进行加工。

② 其余两种（混凝土带安装片的雨水斗）和（柔性屋面的法兰斗）都需要订货并自行加工，详情咨询运营。

（2）管道与管件都改成公称直径 DN 的，对照表见表 2-7。

表 2-7 PE 管与不锈钢管径对应表

HDPE 外径	公称直径	外径	内径
De56	DN50	57	52
De63	DN50	57	52
De75	DN65	73	68
De90	DN80	89	84
De110	DN100	108	102
De125	DN125	133	125
De160	DN150	159	151

续表

HDPE 外径	公称直径	外径	内径
De200	DN200	219	209
De250	DN250	273	268
De315	DN300	325	315

注意：不锈钢管道为 6 米一根，米数需修改为 6 的倍数

（3）管件中电焊管箍删除，不锈钢管道无需使用电焊管箍。

（4）紧固件中管卡同管径数量相加，改为不锈钢管卡；其余全部删掉。

（5）保留立管部位对应安装片和螺纹杆数量。

（6）角钢和套管与 PE 版提料标准保持一致，无需更改。

（7）不锈钢系统中无需使用阻火圈，阻火圈删除。

（8）不锈钢波纹补偿器原则如图 2-64、2-65 所示（每条系统横悬吊管与立管转换处立管上部 1 个，悬吊管道直线长度大于 50 米处 1 个，出户穿墙处 1 个，穿越伸缩缝或变形缝处一个）。

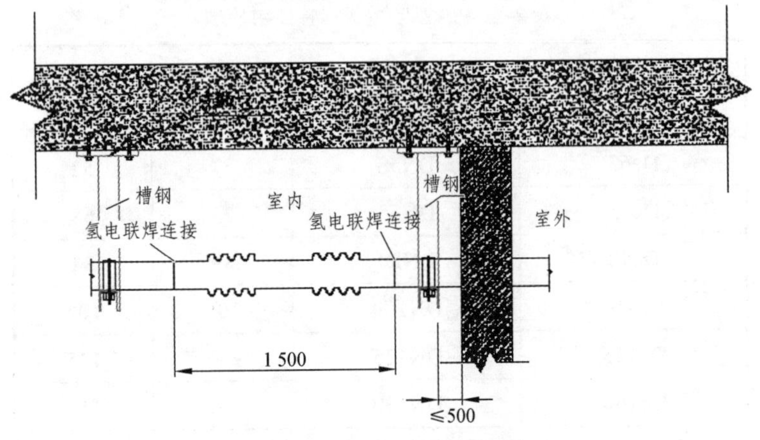

图 2-64　出户波纹补偿器大样图

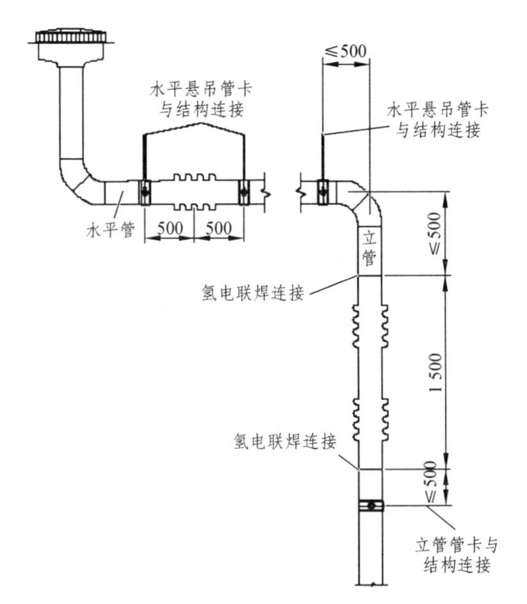

图 2-65 水平悬吊管与立管连接波纹补偿器大样图

（9）不锈钢壁厚参考《虹吸式屋面雨水排水系统技术规程》（CECS183—2015）中 4.3.3 条不锈钢管最小壁厚要求，料单中需备注仅为建议壁厚（见表 2-8）。

表 2-8 不锈钢壁厚参考

管径/mm	DN50	DN65	DN80	DN100	DN125	DN150	DN200	DN250	DN300
壁厚/mm	57*2.0	73*2.0	89*2.0	108*2.0	133*3.0	159*3.0	219*4.0	273*4.0	325*4.5

2.6 虹吸雨水技术交底

虹吸雨水技术交底见表 2-9。

技术交底说明书见表 2-10。

表 2-9　虹吸雨水技术交底

<table>
<tr><td colspan="9">×××××项目摘要</td></tr>
<tr><td colspan="9">一、项目情况</td></tr>
<tr><td>合同名称</td><td colspan="8">×××××××××</td></tr>
<tr><td>项目地址</td><td colspan="8">×××××××××</td></tr>
<tr><td>项目编号</td><td>××</td><td>合同标的</td><td colspan="2">XXX</td><td colspan="2">签约时间</td><td colspan="2">××年×月×日</td></tr>
<tr><td>合同主体甲方</td><td colspan="2">北京</td><td colspan="2">合同主体乙方</td><td colspan="4">××××××</td></tr>
<tr><td>分包方式</td><td colspan="2">专业分包</td><td colspan="2">战略客户</td><td colspan="4">□否　□是</td></tr>
<tr><td rowspan="2">签约合同金额</td><td rowspan="2"></td><td>签约材料费</td><td colspan="2"></td><td colspan="2">发票类型及税率</td><td colspan="2"></td></tr>
<tr><td>签约安装费</td><td colspan="2"></td><td colspan="2">发票类型及税率</td><td colspan="2"></td></tr>
<tr><td>合同金额
让利情况</td><td colspan="8"></td></tr>
<tr><td>屋面面积</td><td></td><td>系统数量</td><td colspan="2"></td><td colspan="2">雨水斗数量</td><td colspan="2"></td></tr>
<tr><td>付款方式</td><td colspan="8"></td></tr>
<tr><td rowspan="2">保函相关</td><td rowspan="2">担保公司□
银　　行□</td><td rowspan="2">保函单位
资质要求</td><td rowspan="2"></td><td colspan="2">预付款</td><td></td><td>期限</td><td></td></tr>
<tr><td colspan="2">履　约</td><td></td><td>期限</td><td></td></tr>
</table>

续表

开工时间			竣工时间		
总包单位			监理单位		
相关单位联系人及联系方式					
甲方相关人员及联系方式					
工程经理			成本工程师		
水暖工程师			招采工程师		
总包单位相关人员及联系方式					
项目经理			执行经理		
商务经理			安全总监		
监理单位相关人员及联系方式					
监理总监			监理工程师		
我司相关人员及联系方式					
前期销售			执行销售		
技术负责人			项目技术		
项目经理			执行经理		
安　全　员			资　料　员		

续表

承包范围	设计部					
	工程部					
二、签约后相关						
工程部人员介入项目时间	工程部					
预付款请款（如有）	销售部	材料回款		ABS		总计
				0		
		安装回款		ABS		总计
				0		
进度请款流程						
请款节点	材料： 施工：					

续表

样板间材料量	技术部	理论样板间量	□有；金额：________元 □无；承诺完成时间：	理论样板间材料清单	附件 1
	工程部	实际样板间量	□有；金额：________元 □无；承诺完成时间：	实际样板间材料清单	附件 2
项目进展					
预计进场时间					
材料供应计划	工程部				
现场设施情况					
现场其他费用	□有；费用名称：________；金额：________元 □无				
项目是否预计有签证及洽商	技术部 工程部 销售部	□无；□有： 内容：			
潜在问题应对策略					
	销售部				
	技术部				
	工程部				

续表

其他问题讨论及解决方案	
技术交底	珠江御景湾项目主要技术情况： 1. 涉及范围： 2. 系统介绍： 3. 设计思路及参数： 4. 管道材质及使用范围： 5. 虹吸雨水系统概况： 6. 屋面形式、防水材质： 7. 参数控制： 8. 检查口设置： 9. 出户设置： 10. bim 管综情况： 11. 项目图纸优化情况： 12. 固定形式： 13. 其他特殊做法。

续表

三、执行阶段相关文件要求				
设计变更	技术部	按甲方出具的设计变更编号进行登记存档	设计变更单	附件 3
签证及洽商	工程部	按甲方出具的签证及洽商编号进行登记存档	签证及洽商	附件 4
请款资料	销售部 工程部	每次请款资料进行存档	请款资料	附件 5
现场罚款	工程部	现场如有罚款请进行正式文件存档	罚款通知单	附件 6
订货供货	工程部 销售部	订货具体情况登记存档	订货清单	附件 7
收货	工程部	收货清单情况登记存档	收料单	附件 8
参会人员签字	工程部			
	销售部			
	技术部			

表 2-10　技术交底说明书

技术交底文件		
××项目主要技术情况：		举例
1. 涉及范围	涉及范围：施工是否包含全部范围，涉及到的区域	本项目分为1#、2#、3#厂房，本次涉及范围包含1#、2#
2. 屋面排水系统形式	屋面排水系统形式	本项目采用虹吸式雨水排放系统
3. 设计思路及参数	虹吸按照××地区××年暴雨系数：×××L/s.100 m^2 溢流按照××地区××年暴雨系数：×××L/s.100 m^2， 溢流采用××形式进行排放，由××施工	虹吸按照北京地区10年暴雨系数：5.85L/s.100 m^2 溢流按照北京地区50年暴雨系数：7.68L/s.100 m^2，溢流采用溢流口形式排放，由总包施工
4.管道材质及使用范围	管道采用HDPE/不锈钢，（尤其注意俩种管材共用项目）	本项目1#厂房采用HDPE管材，2#厂房采用不锈钢材质，所有大管径均需使用PN4管道

续表

<table>
<tr><th colspan="2">××项目主要技术情况：</th><th>举例</th></tr>
<tr><td>5. 虹吸雨水系统概况</td><td>分区、面积、系统数量、雨水斗数量等信息，可后附统计表（虹吸/溢流分开）</td><td>
<table>
<tr><th>区域</th><th>汇水面积</th><th>系统数量</th><th>雨水斗数量</th><th>虹吸排水量</th></tr>
<tr><td>标准展厅</td><td>101 120</td><td>144</td><td>288</td><td>5 986</td></tr>
<tr><td>交通连廊</td><td>22 680</td><td>26</td><td>70</td><td>1 343</td></tr>
<tr><td>中央大厅</td><td>19 300</td><td>32</td><td>128</td><td>1 143</td></tr>
<tr><td>合计</td><td>143 100</td><td>202</td><td>486</td><td>8 472</td></tr>
</table>
</td></tr>
<tr><td>6. 屋面形式、防水材质</td><td>项目类型为厂房/裙房/公建，天沟是否有坡度，是否设置集水槽，屋面天沟与防水材质，雨水斗选用类型（例举各个屋面节点，雨水斗安装方案）</td><td>屋面形式为金属屋面，设置天沟，天沟中无防水，选用不锈钢焊接型雨水斗</td></tr>
</table>

续表

××项目主要技术情况：		举例
7. 参数控制	出户流速是否超 1.8 m/s，负压、充满度控制范围，如遇现场改动需要重新校核	本项目出户流速均控制在 1.8 m/s 以内，负压-700 mbar 以内，充满度百分之 80%左右
8. 检查口设置	检查口设置原则	本项目检查口设置在地面上一米位置，使用普通塑料检查口 180 个，椭圆形铸铁检查口 22 个。
9. 出户设置	出户形式、标高、设计范围。	本项目出户管道为埋地设置、标高-1.000、长度暂按出外墙 5 米考虑，包含套管封堵（以总包提供的虹吸平面图为准，实际以合同约定为准）
10. bim 管综情况	目前总包 bim 管综进度，有无按照管综进行最终方案修改，没有的情况下下暂按照此版方案进行施工（管道路由定位参照平面，系统按照系统图进行施工）	本项目总包管综尚未完成，施工前请仔细查看系统图纸和排水平面图纸，确认按照设计所定的管路走向是否会遇到障碍
11. 项目图纸优化情况	重现期和安全系数有无优化	本项目设计要求按照 10 年虹吸乘 1.5 倍系数，50 年溢流乘 1.5 倍系数，进行设计，乘以 1.5 倍安全系数，为优化成本按 5 年虹吸，20 年溢流进行设计

续表

××项目主要技术情况：		举例
12. 固定形式	结构形式，目前是否确定固定做法，不确定情况下参考常规固定做法，可附节点图	本项目为网架结构形式，雨水斗安装在结构空腔内，固定于天沟下方支撑龙骨，方案需经过总包及设计院确认 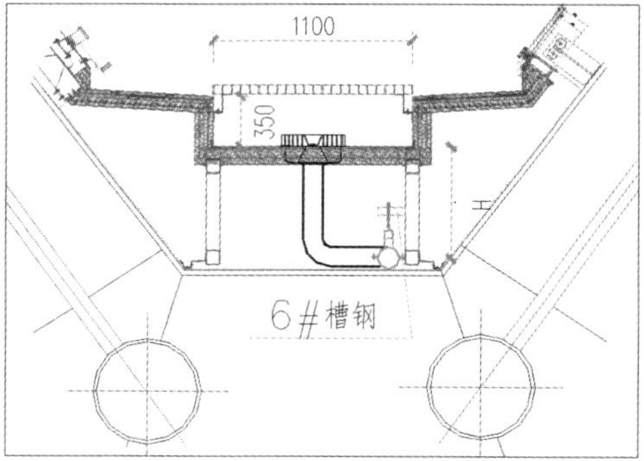
13. 其他特殊做法	根据项目实际情况，标注特殊做法，甲方、设计院的特殊要求及其他招标要求等	

3 虹吸雨水系统各个厂家品牌特性

3.1 斗前水深

市场上的虹吸厂家竞争较大的为泰宁和捷流，与我公司的比较见表 3-1。

斗前水深越小意味着对屋面的荷载作用越小，形成虹吸的时间越短。

3.2 雨水斗类型对比

雨水斗类型对比见表 3-2。

表 3-1　泰宁和捷宁与我公司比较

我公司雨水斗斗前水深								
斗前水位 /mm	40	40	55	50	80	85	105	
设计流量 /（L/s）	9	12	19	25	45	60	100	
泰宁雨水斗斗前水深								
斗前水位 /mm	25	44	87	112	137			
设计流量 /（L/s）	6	12	30	90	156			
截流雨水斗斗前水深								
斗前水位 /mm	40	51	73	92	44	66	95	109
设计流量 /（L/s）	10	15	25	40	20	40	80	120

表 3-2　雨水斗类型对比

吉博力	泰宁	截流
不锈钢天沟 柔性防水 PVC or TPO SBS 防水	YG50A/B 最佳流量：6 L/s～13 L/s YL50A/Ⅱ 最佳流量：3 L/s～8 L/s	

如表 3-2 所示，我公司雨水斗有与各种防水材质搭接的型号，而捷流和泰宁只有一种型号，多种型号能保证与防水搭接的稳定性。我公司斗下尾管为 HDPE 材质，并且在工厂进行连接，保证系统稳定性。

附录 A　盛德诚信公司概况及部分工程业绩

1. 公司概况

北京盛德诚信机电安装有限公司（以下简称盛德诚信）创建于 2007 年，总部设在北京，2019 年销售额达 4 亿元人民币。盛德诚信秉承“诚信打造品牌”的公司理念，始终致力于提供优质的国际卫浴空间优化专家——瑞士吉博力的全方位一体化服务，并实现了专业化、系统化、标准化、规模化生产经营管理。

北京盛德诚信机电安装有限公司先后获得了 ISO 国际管理体系认证和北京市高新技术企业认定。盛德诚信以客户为中心，以销售为先锋，以技术为核心，布局全国，战略发展，在我国六大区域设立分公司，主导设计并承建了数百个项目的同层排水、虹吸雨水、不锈钢给水、公共卫浴系统等工程，总建筑面积已达 3 000 万平方米。

自 2012 年起，盛德诚信陆续与当代置业（中国）有限公司、中国金茂控股集团有限公司、中国葛洲坝集团房地产开发有限公司、中粮地产（集团）股份有限公司、北京天恒置业集团有限公司、远洋集团控股有限公司、泰禾集团、中信国安房地产开发有限公司、融创中国控股有限公司等知名品牌地产商签订全国或区域战略合作协议，凭借高品质的产品、先进的技术、可靠的施工、周到的服务，受到了地产商和业界的认可和好评。近四年来，盛德诚信获得各种荣誉如下：中国金茂-华南区域公司 2019 年度“优秀供应商”、北京区域公司 2018 年度“优秀供应商”、金茂上海“2018年度优秀全国战略供应商·区域奖”、金茂北京2017年度“优秀供应商”、2017全国供应商大会“区域优秀供应商”，远洋集团——2017年度最佳合作伙伴，北京市高新技术企业，中国建筑学会团体会员，中经联盟——2017战略合作伙伴、2016年度战略合作金伙伴奖，中国管理科学学会企业管理专业委员会——中国房地产经理人联盟优先战略采购供应商。盛德诚信——2017年度、2018年度总销量冠军，2018年度隐蔽式水箱销量冠军，2017年度开发商战略合作突出贡献奖，2016年度开发商战略合作冠军、最佳项目奖、虹吸雨水产品销售奖。

2018年，盛德诚信与瑞士吉博力集团共同出资成立了北京瑞吉诚机电设备安装有限公司，为中瑞国际合作贡献力量。

荣誉，属于过去。未来，任重道远。

盛德诚信将不忘初心，砥砺奋进，以客为尊，保证质量，继续秉承环保、科技、智慧的生活理念，深化行业技术标准，优化服务，续写辉煌!

2. 部分工程业绩（见下表）

序号	项目名称	类型	项目地址	吉博力产品	合同额	合作方	签订时间
1	复兴门内危改区4-2#地项目（国家开发银行总部大楼）	公共建筑	北京	虹吸雨水	470, 804.65	国开行	2012
2	北京市龙湖长楹天街项目集中商业部分虹吸雨水工程合同文件	公共建筑	北京	虹吸雨水	1, 817, 201.85	龙湖地产	2013
3	北京绿地中心项目625 地块 3#楼虹吸雨水工程合同	公共建筑	北京	虹吸雨水	193, 660.00	绿地地产	2014
4	达美中心广场虹吸雨水工程	住宅	北京	虹吸雨水	258, 000.00	达美集团	2014
5	银泰中心项目	公共建筑	成都	虹吸雨水	1, 793, 829.62	银泰置业	2014

续表

序号	项目名称	类型	项目地址	吉博力产品	合同额	合作方	签订时间
6	北京现代沧州分公司发动机车间虹吸雨水工程	厂房	沧州	虹吸雨水	900, 000.00	北京现代汽车集团	2015
7	北京现代汽车有限公司沧州分公司技术改造建设项目-涂装车间工程	厂房	沧州	虹吸雨水	883, 055.41	北京现代汽车集团	2015
8	北京现代汽车有限公司沧州分公司技术改造建设项目-总装车间	厂房	沧州	虹吸雨水	870, 000.00	北京现代汽车集团	2015
9	北汽岱摩斯(沧州)汽车系统有限公司汽车座椅生产基地建设项目	厂房	沧州	虹吸雨水	114, 041.79	北京现代汽车集团	2015

续表

序号	项目名称	类型	项目地址	吉博力产品	合同额	合作方	签订时间
10	成都成华宜家家居商场屋面虹吸式雨水排放系统工程材料供应及施工分包合同	公共建筑	成都	虹吸雨水	650, 000.00	宜家家居	2015
11	大厂民族宫货物买卖合同	公共建筑	廊坊	虹吸雨水	226, 872.48	大厂民族宫	2015
12	苏州宜家家居商场项目屋面虹吸式雨水排放系统工程材料供应及施工分包合同	公共建筑	成都	虹吸雨水	850, 000.00	宜家家居	2015
13	长城汽车股份有限公司徐水哈弗分公司冲焊园区奥托立夫、邦迪、博士车间虹吸排水安装工程施工合同项目	厂房	保定	虹吸雨水	349, 536.72	长城汽车集团	2015

续表

序号	项目名称	类型	项目地址	吉博力产品	合同额	合作方	签订时间
14	长城汽车股份有限公司徐水哈弗分公司整车厂三期虹吸安装工程施工合同	厂房	保定	虹吸雨水	7, 988, 800.00	长城汽车集团	2015
15	珠海沃尔玛亚洲不动产山姆购物中心屋面虹吸式雨水排放系统工程材料供应及施工分包合同	公共建筑	珠海	虹吸雨水	620, 000.00	沃尔玛	2015
16	福州京东方	厂房	福州	虹吸雨水	1, 880, 213.22	京东方	2016
17	安贞西里3号楼	厂房	北京	虹吸雨水	156, 773.76	北京房地集团有限公司第十分公司	2016

续表

序号	项目名称	类型	项目地址	吉博力产品	合同额	合作方	签订时间
18	北京现代汽车有限公司重庆分公司建设项目涂装车间虹吸雨水合同	厂房	重庆	虹吸雨水	960, 000.00	现代汽车	2016
19	佛山宜家家居商场项目建筑工程材料采购合同（虹吸雨水）	公共建筑	成都	虹吸雨水	700, 000.00	宜家家居	2016
20	南通永旺梦乐城	公共建筑	重庆	虹吸雨水	1, 000, 000.00	永旺城	2016
21	江苏泰州雀巢	厂房		虹吸雨水	837, 658.03	雀巢	2016
22	中山蒂森电梯项目虹吸及雨水收集安装工程		中山	虹吸雨水	3, 000, 000.00	中国新兴建设开发总公司中山分公司	2016

续表

序号	项目名称	类型	项目地址	吉博力产品	合同额	合作方	签订时间
23	合肥京东方埋地合同	厂房	合肥	虹吸雨水	601, 075.76	京东方	2016
24	合肥京东方整机厂	厂房	合肥	虹吸雨水	404, 958.70	京东方	2016
25	合肥京东方 3 号楼	厂房	合肥	虹吸雨水	841, 171.84	京东方	2016
26	首创丽泽虹吸项目	厂房	北京	虹吸雨水	1, 008, 191.10	中国金茂	2016
27	南昌沃尔玛		南昌	虹吸雨水	1, 250, 272.00	葛洲坝地产	2017
28	利山大厦二期	住宅	北京	虹吸雨水	1, 929, 728.88	远洋地产	2017
29	置地 MOMOPARK 项目	商业	西安	虹吸雨水	558, 132.25	西安地铁置业	2017

续表

序号	项目名称	类型	项目地址	吉博力产品	合同额	合作方	签订时间
30	深圳柔宇国际柔性显示产业园	住宅	深圳	虹吸雨水	1, 084, 910.89	柔宇	2017
31	番禺宜家	住宅	成都	虹吸雨水	700, 000.00	宜家家居	2017
32	上海泛海一期虹吸	住宅	上海	虹吸雨水	13, 887.50	泛海地产	2017
33	北京新机场一标段	公共建筑	北京	虹吸雨水	15, 465, 988.78	北京新机场	2017
34	北京新机场二标段	公共建筑	北京	虹吸雨水	14, 932, 844.15	北京新机场	2017
35	青岛雀巢托盘缓冲间项目合同	厂房	青岛	虹吸雨水	31, 000.00	雀巢	2017
36	北京现代汽车有限公司重庆分公司总装车间建设项目——虹吸雨水工程	厂房	重庆	虹吸雨水	1, 554, 697.67	现代汽车	2017
37	无锡海力士 SK 项目	厂房	无锡	虹吸雨水	4, 056, 989.22	中国电子系统工程第四建设有限公司	2018 年 4 月

续表

序号	项目名称	类型	项目地址	吉博力产品	合同额	合作方	签订时间
38	百济神州制药虹吸项目	厂房	广州	虹吸雨水	217, 730.00	广州浩和建筑股份有限公司	2018年8月
39	武汉京东方项目一层管道预埋	厂房	武汉	虹吸雨水	588, 414.50	京东方	2018年10月
40	武汉京东方项目D区11#楼	厂房	武汉	虹吸雨水	242, 251.43	京东方	2018年10月
41	武汉康宁玻璃厂房项目埋地	厂房	武汉	虹吸雨水	307, 666.99	中建三局第一建设工程有限责任公司	2018年12月
42	南昌江铃汽车富山基地项目-江铃建设（一标段）	厂房	南昌	虹吸雨水	2, 116, 270.40	江铃汽车	2019年3月
43	南昌江铃汽车富山基地项目-中铁16局（二标段）	厂房	南昌	虹吸雨水	3, 668, 061.74	江铃汽车	2019年3月

续表

序号	项目名称	类型	项目地址	吉博力产品	合同额	合作方	签订时间
44	广州唯品会总部大楼	商业	广州	虹吸雨水	440, 800.00	京东方	2019年2月
45	武汉京东方2、3号楼	厂房	武汉	虹吸雨水	5, 288, 140.07	京东方	2019年3月
46	GE生物科技园首期项目	厂房	广州	虹吸雨水	243, 012.74	中建三局第一建设工程有限责任公司	2019年4月
47	江西儒乐湖虹吸项目	厂房	南昌	虹吸雨水	1, 486, 564.21	江铃汽车	2019年5月
48	新能源汽车用高性能三元材料（NCM）电池芯研发与产业化项目（常州京东方）	厂房	常州	虹吸雨水	125, 203.06	京东方	2019年5月

续表

序号	项目名称	类型	项目地址	吉博力产品	合同额	合作方	签订时间
49	南昌樟树项目	公建	南昌	虹吸雨水	1, 249, 995.20	中建三局第一建设工程有限责任公司	2019年7月
50	青岛宜家项目	商业	青岛	虹吸雨水	1, 209, 511.49	宜家家居	2019年8月
51	四川省宜宾市奇瑞汽车厂房冲焊联合车间供货	厂房	宜宾	虹吸雨水	952, 797.24	奇瑞汽车	2019年7月
52	武汉天河机场T1航站楼改造项目	公共建筑	武汉	虹吸雨水	152, 675.85	中建三局集团有限公司	2019年9月
53	广州恒大汽车零部件项目总装车间	厂房	广州	虹吸雨水	2, 667, 582.46	恒大汽车	2019年9月
54	广州LG虹吸雨水项目2工区	厂房	广州	虹吸雨水	980, 710.00		2018年

续表

序号	项目名称	类型	项目地址	吉博力产品	合同额	合作方	签订时间
55	远洋新光广场	商业	北京	虹吸雨水	1, 280, 000.00	远洋地产	2019年10月
56	易商杭州萧山仓库虹吸雨水项目	厂房	杭州	虹吸雨水	700, 000.00	浙江天勤建设有限公司	2019年11月
57	龙华简上体育馆	公共建筑	深圳	虹吸雨水	660, 550.80	中建三局第二建设工程有限责任公司	2019年12月
58	广州恒大汽车零部件项目车身车间	厂房	广州	虹吸雨水	2, 001, 228.02	恒大汽车	2019年12月
59	武汉万科金域国际二期（虹吸）	商业	武汉	虹吸雨水	1, 494, 016.00	万科地产	2019年12月
60	福州宜家家居商场项目	商业	福州	虹吸雨水	900, 000.00	宜家家居	2020年1月

续表

序号	项目名称	类型	项目地址	吉博力产品	合同额	合作方	签订时间
61	成都天府机场 T1 航站楼虹吸雨水专业分包	公共建筑	成都	虹吸雨水	818, 206.31	成都机场	2020 年 1 月
62	凤凰山体育中心	公共建筑	成都	虹吸雨水	5, 805, 670.95	成都城投置地	2020 年 2 月
63	成都天府机场 1 标段（金属屋面虹吸工程）	公共建筑	成都	虹吸雨水	670, 002.00	成都机场	2019 年 5 月
64	江西江铃汽车立体库项目（虹吸）	厂房	南昌	虹吸雨水	82, 090.47	江铃汽车	2019 年 11 月
65	常州特雷克斯三期项目	厂房	常州	虹吸雨水	1, 160, 000.00	特雷克斯	2020 年 6 月
66	西安百跃羊乳集团有限公司项目（奶粉厂）	厂房	西安	虹吸雨水	344, 571.00	西安百跃羊乳集团	2020 年 6 月

续表

序号	项目名称	类型	项目地址	吉博力产品	合同额	合作方	签订时间
67	厦门士兰集科微电子机电项目	厂房	厦门	虹吸雨水	589, 652.70	厦门士兰集科微电子	2020 年 5 月
68	深圳华星光电 T7 项目	厂房	深圳	虹吸雨水	461, 999.09	华星光电	2020 年 6 月
69	天津国家会展中心项目	公共建筑	天津	虹吸雨水	1, 811, 045.46	中建安装集团有限公司/中建安装集团华北分公司	2020 年 6 月
70	深圳机场卫星厅	机场	深圳	虹吸雨水	4327612.95	中建八局	2020 年 8 月
71	东风 InSite 车间三虹吸雨水	厂房	武汉	虹吸雨水	99936.74	中核五	2020 年 8 月
72	广州执信中学	学校	广州	虹吸雨水	671, 988.40	中建三局一	2020 年 10 月

续表

序号	项目名称	类型	项目地址	吉博力产品	合同额	合作方	签订时间
73	天府机场旅客过夜酒店	酒店	成都	虹吸雨水	698, 419.80	上海建工安装	2020年9月
74	贵州宝能新能源汽车产业园项目	厂房	贵州	虹吸雨水	3, 900, 000.00	贵州黔易来建筑劳务工程有限公司	2020年9月
75	成都中核力学与检修试验大厅	厂房	成都	虹吸雨水	103, 690.78	成都卡普瑞科技有限公司	2020年10月
76	嘉兴文化艺术中心	公共建筑	嘉兴	虹吸雨水	1, 059, 999.00	中建一局集团建设发展有限公司	2020年9月
77	上海宝龙二期	商业	上海	虹吸雨水	325, 500.00	南通市中南建工	2020年10月
78	三一重起2#厂房、整机厂房	厂房	长沙	虹吸雨水	415, 765.03	广州泽瀚建筑排水科技股份有限公司	2020年12月

续表

序号	项目名称	类型	项目地址	吉博力产品	合同额	合作方	签订时间
79	广州数控项目	厂房	广州	虹吸雨水	291, 809.40	深圳市中焰科技有限公司	2020年12月
80	衡水老白干四期（南区搬迁）项目	厂房	河北	虹吸雨水	1, 870, 851.52	河北建设集团股份有限公司	2020年12月
81	国家会议中心二期	厂房	北京	虹吸雨水	5, 329, 875.68	北京市第三建筑工程有限公司	2020年12月
82	清远市奥林匹克建设工程纯供货项目	厂房	清远	虹吸雨水	179, 440.88	广州泽瀚建筑排水科技股份有限公司	2020年12月
83	百威（温州）啤酒灌装新增车间	厂房	温州	虹吸雨水	129, 164.59	广州泽瀚建筑排水科技股份有限公司	2020年12月

续表

序号	项目名称	类型	项目地址	吉博力产品	合同额	合作方	签订时间
84	天津国家会展-国泰鼎盛	公共建筑	天津	虹吸雨水	630, 360.00	中建集团	2021年1月
85	长沙三一智联重卡项目1号厂房	厂房	长沙	虹吸雨水	1, 024, 912.03	中国建筑第四工程局有限公司	2021年1月
86	长沙三一智联重卡项目2号厂房	厂房	长沙	虹吸雨水	1, 405, 087.97	中国建筑第四工程局有限公司	2021年1月
87	丰台高铁站项目	公共建筑	北京	虹吸雨水	6, 210, 692.69	中国铁路北京有限公司丰台站工程管理部	2021年1月
88	雄安商务区中心二期项目	公共建筑	北京	虹吸雨水	580, 000.00	雄安服务中心	2021年1月
89	上海泰和诚肿瘤医院	公共建筑	上海	虹吸雨水	1, 136, 000.00	太和城医院集团	2021年3月

（1）北京大兴机场。

项目介绍：

北京大兴机场（图 1）坐落于永定河北岸，占地面积 140 万平方米，相当于 63 个天安门广场，已于 2019 年 9 月底正式投入使用，是世界上最大的单体航站楼。整个机场的屋顶由 63 450 根巨型钢材和 13 200 个钢球节点全部组成，面积达 18 万平方米，为目前全球最大的屋顶！

使用产品：

吉博力 Pluvial 虹吸式屋面雨水排放系统。

图 1　北京大兴机场

（2）武汉天河机场。

项目介绍：

武汉天河机场（见图 2～4）占地面积 49 万平方米，2017 年正式投入使用，为中国中部首家 4F 级民用国际机场，这标志着武汉天河机场正式跻身国内最高等级机场行列。T3 航站楼外形以“星河璀璨、凤舞九天”为主题，似展翅欲飞的凤凰。

使用产品：

吉博力 Pluvial 虹吸式屋面雨水排放系统。

图 2　武汉天河机场

图 3　武汉天河机场图

图 4　武汉天河机场

（3）深圳机场卫星厅。

项目介绍：

中建股份深圳机场卫星厅（见图 5）项目，总建筑面积约 24 万平方米，可满足 2 200 万人次使用需求，作为深圳机场新一期扩建的核心项目之一，项目建设有助于进一步释放深圳机场空地资源，更好支撑高品质创新型国际航空枢纽建设，对提升机场服务保障供给能力具有重要意义。

使用产品：

吉博力 Pluvial 虹吸式屋面雨水排放系统。

图 5　深圳机场卫星厅

（4）北京奔驰厂房。

项目介绍：

北京奔驰-戴姆勒-克莱斯勒汽车有限公司的新厂区（见图 6）坐落在北京经济技术开发区，占地总面积为 198 万平方米，第一期工程厂房占地面积为 210 000 平方米，8 万辆生产能力中 25 000 辆为梅赛德斯-奔驰 E 级和 C 级两大系列轿车产品，是一座拥有世界汽车制造业最先进技术与制造水平，且融汽车研发、制造为一体的现代化厂房。

使用产品：

吉博力 Pluvial 虹吸式屋面雨水排放系统。

图 6　北京奔驰厂房

（5）西安置地时代 MOMOPARK。

项目介绍：

MOMOPARK（见图 7），是 2018 年完工的商业 LOFT，位于西安小寨西路与含光路十字东南 角，地铁 3 号线吉祥村地铁站 A2 口出站即达。项目建筑面积 30 万平方米，是集写字 楼、住宅、商业、公寓为一体的大型城市综合体项目。

使用产品：

吉博力 Pluvial 虹吸式屋面雨水排放系统。

图 7　MOMOPARK

附录 B　BBA 认证

BBA 认证是英国的一个政府合作组织。BBA 认证在过去的三十五年当中为各行各业的产品性能提供了许多权威、独立的认证。每一份认证都包含重要的技术数据，如产品的使用寿命、产品的安装以及是否符合建筑法规的要求等。目前越来越多的欧洲企业向中国的制造商提出 BBA 认证的要求，可见 BBA 认证在建筑领域的知名度和权威性。实际上 BBA 认证是一家完全独立的第三方认证机构，本身并不具有实验室。为保证认证的公平性，BBA 认证专家会根据不同标准制定产品的测试计划，而并非完全采用某一标准，这也是众多企业无法完全掌握 BBA 认证要求的一个重要因素。BBA 认证所涵盖的主要认证范围：屋面系统、（建筑）雨水排放系统、建筑材料等。

Electronic Copy

BBA BRITISH BOARD OF AGRÉMENT

Geberit Ltd

GEBERIT SERIES 7 PLUVIA SYPHONIC ROOF DRAINAGE SYSTEM

Certificate No 92/2796

DETAIL SHEET 4

Product

• THIS DETAIL SHEET RELATES TO GEBERIT SERIES 7 PLUVIA SYPHONIC ROOF DRAINAGE SYSTEM COMPONENTS AND THE GEBERIT SOFTWARE USED IN DESIGN.

• The products are for the drainage of roof areas of industrial, commercial and public buildings, conveying the rainwater from the roof to the below ground system.

• The products are used in conjunction with the pipe and fittings covered by Detail Sheet 2 of this Certificate.

• At the design rainfall intensity, installations designed using Geberit software and installed in accordance with this Certificate will ensure that the outlets eliminate the intake of air into the system thus enabling the rainwater to flow at the maximum pipework capacity. This sets up the syphonic action and maximises the capacity of the pipework.

• Collecting pipes can be installed horizontally under the roof reducing the number of downpipes and the associated underground work and drainage.

This Detail Sheet must be read in conjunction with the Front Sheets, which give the product's position regarding the Building Regulations, general information relating to the product and the Conditions of Certification, respectively.

图 8　BBA 认证

附录 C　中国平安保险

吉博力还拥有全球质量联保，对于验收合格的项目，吉博力会发放系统保证书。除此之外，在中国，吉博力还为所有验收合格的Pluvia®虹吸式屋面雨水排放系统提供500万欧元公众及产品险（中国平安财产保险公司，见图9），如果仍无法满足赔偿需要，吉博力集团在全球投保的保险公司将共同承担赔付责任。

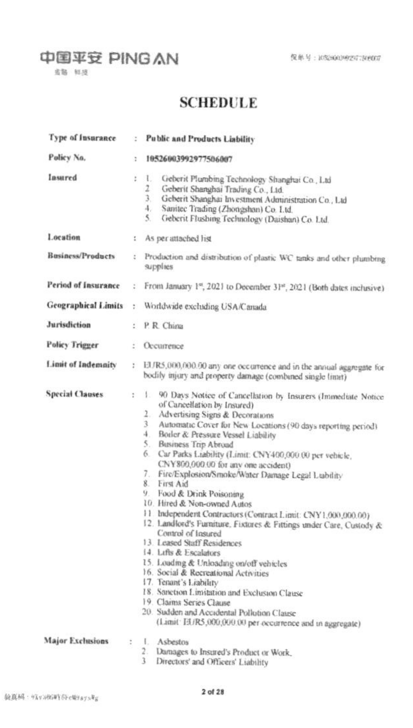

中国平安 PING AN

SCHEDULE

Type of Insurance : **Public and Products Liability**

Policy No. : **10526003992977506007**

Insured :
1. Geberit Plumbing Technology Shanghai Co., Ltd
2. Geberit Shanghai Trading Co., Ltd.
3. Geberit Shanghai Investment Administration Co., Ltd
4. Sanitec Trading (Zhongshan) Co. Ltd.
5. Geberit Flushing Technology (Daishan) Co. Ltd.

Location : As per attached list

Business/Products : Production and distribution of plastic WC tanks and other plumbing supplies

Period of Insurance : From January 1st, 2021 to December 31st, 2021 (Both dates inclusive)

Geographical Limits : Worldwide excluding USA/Canada

Jurisdiction : P. R. China

Policy Trigger : Occurrence

Limit of Indemnity : EUR5,000,000.00 any one occurrence and in the annual aggregate for bodily injury and property damage (combined single limit)

Special Clauses :
1. 90 Days Notice of Cancellation by Insurers (Immediate Notice of Cancellation by Insured)
2. Advertising Signs & Decorations
3. Automatic Cover for New Locations (90 days reporting period)
4. Boiler & Pressure Vessel Liability
5. Business Trip Abroad
6. Car Parks Liability (Limit: CNY400,000.00 per vehicle, CNY800,000.00 for any one accident)
7. Fire/Explosion/Smoke/Water Damage Legal Liability
8. First Aid
9. Food & Drink Poisoning
10. Hired & Non-owned Autos
11. Independent Contractors (Contract Limit: CNY1,000,000.00)
12. Landlord's Furniture, Fixtures & Fittings under Care, Custody & Control of Insured
13. Leased Staff Residences
14. Lifts & Escalators
15. Loading & Unloading on/off vehicles
16. Social & Recreational Activities
17. Tenant's Liability
18. Sanction Limitation and Exclusion Clause
19. Claims Series Clause
20. Sudden and Accidental Pollution Clause (Limit: EUR5,000,000.00 per occurrence and in aggregate)

Major Exclusions :
1. Asbestos
2. Damages to Insured's Product or Work.
3. Directors' and Officers' Liability

2 of 28

图9　中国平安保险

参考标准

《建筑给水排水设计标准》GB 50015—2019

《虹吸式屋面雨水排水系统技术规程》CECS 183—2015

《建筑排水用高密度聚乙烯（HDPE）管材及管件》CJ/T 250—2018

《虹吸雨水斗》CJ/T 245—2007